U0576896

李桂芳

著

在自卑的废墟上开花

江西教育出版社
JIANGXI EDUCATION PUBLISHING HOUSE

图书在版编目（ＣＩＰ）数据

在自卑的废墟上开花 / 李桂芳著． -- 南昌 ： 江西
教育出版社， 2016.11（2019.7 重印）

（悦读文库）

ISBN 978-7-5392-9090-4

Ⅰ．①在… Ⅱ．①李… Ⅲ．①人生哲学－青少年读物
Ⅳ．① B821-49

中国版本图书馆 CIP 数据核字 (2016) 第 312686 号

在自卑的废墟上开花
ZAIZIBEIDEFEIXUSHANGKAIHUA

李桂芳　著

江西教育出版社出版

（ 南昌市抚河北路 291 号　邮编： 330008)

各地新华书店经销

石家庄继文印刷有限公司

720mm×1000mm　16 开本　13 印张

2017 年 3 月第 1 版　2019 年 7 月第 6 次印刷

ISBN 978-7-5392-9090-4

定价： 26.00 元

赣教版图书如有印制质量问题，请向我社调换　　　电话：0791-86710427
投稿邮箱：JXJYCBS@163.com　　电话：0791-86705643
网址：http://www.jxeph.com

赣版权登字 -02-2016-756

目 录

辑一
一树繁花轻轻开 /1

和自然同行 /2
微笑的花香 /5
枇杷花开 /8
荆棘花开 /10
窗外的菊花 /12
一树繁花轻轻开 /14
做一粒米桂 /16
野树和牡丹 /18
与树同居 /20
长成一棵树 /23
冬日里的春天 /25
向往一座山 /27

辑二
风已来过花知道 /29

当美好成为习惯 /30
母爱的形式 /33
恋爱的代价 /35
和陌生人说话 /39
为他人开一朵花 /41
生活的支柱 /43
风已来过花知道 /45
母爱没有面纱 /48
美丽的路过 /50
趁还来得及 /52
爱最出彩 /54
只要跳舞 /57
总得有所敬畏 /60

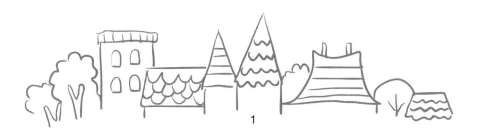

辑三
给生命留个缺口 /63

山路哲学 /64
给生命留个缺口 /66
成长需要尊严 /68
给自己念念"紧箍咒" /71
给人生划分行程 /73
感谢轻视 /75
感恩"负能量" /77
丢掉人生的"垃圾桶" /80
灿烂的背后 /82
不要错过 /84
别囚禁自己 /87
"助攻"也美丽 /89
生活也需要"暂停" /91
生命的细节 /93
人生如山路 /95
感谢跌倒 /98

辑四
在尘埃里开出花朵 /101

二十岁的生命形态 /102
让梦想扎根 /104
伯乐就是你自己 /106
把你的"蛛丝"牵过"马路" /108
给心灵一方天堂 /110
跑过冬天 /112
总得有点侠义精神 /114
在尘埃里开出花朵 /118
有梦,才有远方 /121
做生活最好的主角 /123
生命的舞蹈 /125
半个月亮 /128
人生就是一部电影 /130
善待人生中的苦难 /132
一个人的接力 /134
走过人生之冬 /136

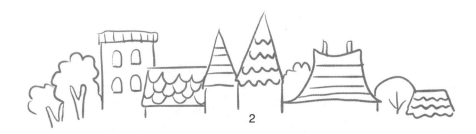

辑五
留手余香胜玫瑰 /139

二十四小时的快乐 /140

给心灵投资 /142

蒙尘的镜子 /144

一口皮箱 /146

左手生活的时光 /148

清理生活 /151

清理心灵的"雾霾" /154

你害怕了吗？ /156

留手余香胜玫瑰 /158

不是每个人都能坐过山车 /160

生命的本色 /163

善良的利息 /165

善良的种子 /167

比失去更宝贵的 /170

细节之美 /173

辑六
营造诗意人生 /175

营造诗意人生 /176

品味幸福 /178

幸福就在视野的拐角处 /180

幸福的源泉 /182

晒晒"小确幸" /184

珍惜拥有 /186

享受寂寞 /188

犒劳自己 /190

在自卑的废墟上开花 /192

放生善良 /194

精彩地活着 /197

给予是快乐的 /199

人生何处不歌唱 /201

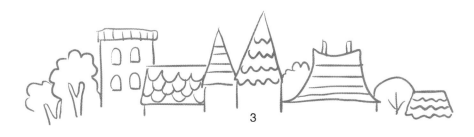

辑一
一树繁花轻轻开

和自然同行

喜欢散步，一个人独行。小城的那条滨江路，绿化很好，两旁花草树木繁茂，葱葱郁郁，一年四季美景迭现，耐人欣赏。

春天里，和自然同行，和蓬勃的生命对话。

走在和煦的春风里，两旁是刚刚萌出嫩芽的树木。那些树，经过严冬的洗礼，显得愈发地劲挺精神，仿佛冬的寒气成了冶炼的熔炉，让它们有了钢筋铁骨，有了迎接新生命的坚强信念。那些嫩芽，瘦弱的，丰满的，颜色一律嫩黄嫩黄的，还有些边沿泛着如婴孩脸蛋般的浅浅的红晕，又像村姑羞涩的容颜。

有些树上已经长出了如婴儿手掌般大的叶片，浅淡的绿色，在阳光里泛着莹莹的光泽。和风轻拂，它们悠然地晃着脑袋，像顽皮孩童的嬉闹。鸟儿们仿佛也来庆贺树的新生，纷纷叽叽喳喳地伫立枝头，吵吵嚷嚷地和树对话，仿佛在说，祝贺你重新披上绿装，我们还等着在你的叶丛中安家落户、生儿育女，和你成为邻居呢。

慢慢地，春光浓郁了。花儿们开始赶趟儿似的齐刷刷露出笑脸，有名的，没名的，都一股脑儿地绽放精彩。那些花，有深红，有天蓝，有浅紫，有金黄，都开得热热闹闹，挨挨挤挤，仿佛在赶一场热闹的盛会，等着亮出自己的美丽，炫耀自己的魅力呢。

　　我宁愿相信，那就是一场花的盛宴。在那隆重的宴会上，花儿们争着展示自己，是为了一份美丽的心事：找到如意的心上人。不信，你看，柳树旁那两朵花，在风里轻轻地摇摆着。那是它们暗藏的蜜语，通过风的殷勤，将那灼热的情话捎给彼此。要不怎么那朵花眨眼间就唰地脸红了，一定是听到了最可心的情话，乐得满脸红彤彤呢。那草坪里的两朵呢，彼此弯着腰，在风里左摇右摆的，是为一个可爱的笑话，乐得直不起腰呢，还是彼此在展示曼妙的舞姿，把最靓丽的一面留给恋人呢？你猜猜吧。

　　秋天里，和自然同行，和成熟的生命对话。

　　都说秋是个萧条、冷落的季节，可我和自然同行，却读出了成熟和厚重。

　　那些树，已经毫不吝啬地将全部果实奉献给秋天。那些果子，不如水果名贵，也不如瓜果耐看，可是，它们依然诚实地挂满枝头。我甚至不能叫出它们的名字，也许就是一些杂树的果子，或许是树们为来年储备的种子，或许是它们倾心爱着的儿女。树们一代代地繁衍生殖着，只为了延续美丽的生命，并不为得到人类的赞扬或者利用。

　　挂着野果的树的根部，有几株朴素的小花，在属于它们的季节，悄然绽放，颜色驳杂，不艳丽，也不招摇，如贤淑的女子，兰心蕙质，内敛矜持。

　　秋深了，果子们渐渐掉落。那些树的叶片，也免不了一年一度的命运，日渐凋零。在萧瑟的秋风里，打着旋儿地飞舞着，如一群翩跹的彩蝶。

　　秋风是高明的画家，它挥舞着巨大的画笔，给漫山遍野的叶片着上了五颜六色。深红的，淡红的，金黄的，浅黄的，淡赭的，墨绿的，苍翠的，都在尽情展示着绰约的风姿。清晰的层次，精心的布局，明快的色调，叶子们构成了一幅颜色明艳、浓淡相宜的水彩画。

　　秋风里，叶片们没有别离的凄然。那旋转的舞姿，那飘逸的姿态，都在无言地诉说着生命的豁达和坦然，也在无声地诠释着奉献的壮美和决然。那些叶片，在风里相约飞舞，又在风里相守团聚。它们层层叠叠地相依相偎着，在树下，在草地上，在大路旁，在水渠边，以最优雅的姿势和树干告别，和土地拥抱。来年的那一抔春泥里，会有多少它们芳香的味道，会有多少

重生的美好！

和自然同行，也和天上的云霓对视。

云们在蓝天里自由地徜徉，如凌波微步的仙子，如舞姿翩跹的飞天。有时，就觉得天空中定然藏着一位技艺高妙的魔术师，将云朵不停地变幻出万千姿态，如高耸的雪峰，如凛冽的冰川，如翻滚的怒涛，如牧牛的少年，如相拥的情侣，如奔驰的骏马，如悠闲的羊群，让人眼花缭乱，让人心旷神怡，让人魂萦梦牵。

和自然同行，喜欢和风对话。

春日里，它悄悄捎给我一朵花恋爱的故事，一棵草美丽的梦想，一枚果子成长的秘密，一双鸟儿筑巢的忙碌；夏日里，它轻轻告诉我，远方田野里瓜果的长势，捎给我稻田里青蛙的鸣叫，还有那些青草的茂盛情事；秋日里，它默默对我诉说，落叶怎样依依不舍地离去，鸟儿们长途迁徙的艰辛，还有稻子成熟的心事；冬日里，它告诉我，一双鸟儿对春天的思念，一条蛇冬眠的寂寞，一朵云彩厚重的跋涉。

和自然同行，为春天的勃勃生机喝彩，为秋的成熟韵致沉醉，为云彩的万千风姿叫好，为风儿的绵密情思感动。和自然同行，和生命沟通，和美丽相拥！

微笑的花香

长途汽车快要开动时，一个年迈的老太太颤巍巍地挪上车来。她穿着宽大的旧旧的毛衣外套。单薄的身子，佝偻的身形，像饱经风霜的枯朽的核桃树。皱纹密布交错的脸，更像是一枚风干的核桃。可是，那密匝匝的皱纹里却开出了美丽的花来，那是她的笑。那笑散发着温暖和慈祥，蕴含着真诚和友善。

老太太一上车，就有了一阵幽幽的花香，在满是汽油味道的密闭车厢里袅绕。细细一看，原来她怀里有个小布兜，里面露出一些白白的小花，用细线穿着，四朵一串，穿成一个小小的花环。

我正贪婪地吮吸着花香，老太太慢慢走到了我前座两位年轻人面前。其实，我看得清清楚楚，最先走到的，是她的笑。那笑像一阵轻风，伴着淡雅的花香，轻轻飘绕着。

老太太的笑先对靠窗的女孩开放了。女孩也回敬一朵笑，满是青春气息的笑，洋溢着生命的花香。老太太用皱纹密布的手轻轻提着那串小花说："小姑娘，买串花吧，黄角兰，很香的。别在衣襟前，一路上都是香的呢。"小姑娘笑着疑惑地看，仿佛怕是行骗的。老太太忙说："不贵的，一元钱，只要一元钱。"小姑娘终于释然地低头取了一元钱递过去。递过花，老太太的笑更灿烂了，她说："祝福你越来越漂亮，比这花儿还好看！"小姑

5

娘笑了，感激地点点头，不禁低头嗅那香味儿了。

过道旁坐着位男青年，老太太笑着期待地看着他，眼里满是慈祥。还没开口呢，男青年忙笑着递过一元钱去说："拿一串吧。"老太太的笑更多了，她说："谢谢你，小伙子，祝你一路平安，爱情幸福，家庭美满！"

旁边的座位上是一对中年夫妻。女人也许旅途劳顿，正倚在男人肩上疲惫地打盹儿。男人疑惑地看着老人，见她走来，笑着说："我这年龄了，还买吗？"老太太笑出了声音说："年轻人，你没我老吧，怎么不买呢？给你老婆买一串，你闻闻，这花多香啊。等会儿，你老婆醒了，不定多高兴呢。生活呀，就要讲点儿浪漫，你说是不是？不贵的，一元钱，买个好心情。祝福你们白头偕老，永远恩爱！"说着，笑着递过花去。"给我两串吧，一人一串，好事成双。谢谢老人家的吉言！"

中年男人很高兴地买了两串，当着老人的面，将其中一串轻轻别在妻子的衣襟前。那女人忽然就醒了，见丈夫正给自己别花，见老太太正捧着一兜花看着自己温暖地笑，不由得低头深深地吸一口花香，笑着说："真香，这旅途肯定愉快，谢谢！"老太太满意地走向了下一位。

眼看满满一兜花快要卖完的时候，她终于走到了我的面前。我迫不及待地递过钱去。老人的笑依旧那么美丽地绽放在脸上。她说："姑娘，我给你戴吧，别在这儿。"说着，她将那串清香淡淡的花别在了我的衣领处，还将她的笑别在了我的心里。顷刻，花香四溢，我的心情顿时明朗起来，像雨后高蓝的天空。

当老太太卖完花，正准备下车时，又上来了一个跟她年龄差不多的老太太，同样挎着满篮的花，也是黄角兰。可是，那老人脸上没有一丝笑。她仿佛刚从满是血腥和死亡的前线下来。灰暗和沮丧堆满脸颊。她慢慢地走着，冷冷地问着："要花吗？要花吗？"

一直走到车厢后面，都无人照顾她的生意。其实还有很多没买到花的旅客。看她失望的脚步沉重地从我身旁经过，我伸手取了两串花，递给她两块钱。她仍面无表情，只默默离去了。仅仅记住了她满脸的灰暗，我心

6

里顿时也一片阴霾。

望着她离去的背影，不由想起刚才那位老太太的笑。那并不年轻，只在皱纹上开放的如花朵般的笑，却满是温暖和宁馨，让人看到了希望、美好和阳光。尽管那是一张饱经沧桑的脸，可那笑却那么朴素真诚，所以，她的花会畅销，虽然也只是普通的黄角兰。

旅程漫漫，一路上，我脑海里都开放着老太太微笑的花朵。那花朵清香四溢，滋润着我的心灵，也会滋润我未来的人生。因为它告诉我：不管什么时候，让微笑的花香浸润别人，你自己的生活也会香飘万里。

枇杷花开

　　不远处的田地里，一片油绿如洗的东西是什么？疾步上前，细看：尽是密密匝匝、蓊蓊郁郁的枇杷树。

　　寒意逼人的冬日，能有如此的绿意，着实让人讶异。碧绿的叶片，一张张宽大肥硕，如年轻男子生机勃勃的手掌，骄傲地宣示着生命的充沛；树身不算粗壮却枝繁叶茂，在周围众多光秃秃的果树堆里展示着顽强；花朵形如豌豆大小，淡雅的乳白色，还蒙着细细密密的茸毛，在恬静地绽放。

　　那是真的花朵吗？为什么会在寒意凛然的冬日里开花？我迷惘着，质疑着。

　　其实对枇杷果并不陌生。小时在乡下，每年农历五月，恰遇麦黄时节，其他的水果还在枝头忙碌孕育和繁殖时，它却已然成熟。那黄澄澄的充满诱惑的色彩，那圆溜溜饱满鼓胀的果实，一串串地挂满枝头，给收割中饥渴的农人多少希望和慰藉呀。它们的印象，总是比那些蜂拥而至的苹果呀、梨子呀、桃子呀什么的来得深刻，来得难忘，因为它早熟。

　　记得老家屋后有株枇杷树，每年总挂满了沉甸甸的果实，压得树身弯成了驼背老人。父母在田间忙活的时候，我便爬上树采摘。松鼠一般，蹲踞枝头，两只手左右开弓，尽选摘个儿大、色泽红、饱满成熟的吃，吃得满嘴流蜜，吃得心花怒放。枇杷甜丝丝、酸溜溜的味道，丰沛的汁液，细嫩的果肉，食之即化，满口生津。那份幸福和满足，至今依然弥漫在记忆里，犹在昨日，挥之不去。等我吃饱了，解馋了，才给父母送去满满一篮子，让他们解渴又解饿。他们吃得香甜而惬意，满脸的喜色和富足，仿佛那是神仙果，解除了他们所有的疲惫和劳累。我对枇杷的感激和喜爱之情油然而生。

可是，儿时记忆里，仅存枇杷果的美味。枇杷树什么时节开花，花朵呈何形状和颜色，竟是一无所知。

不经意看到一个割草的农妇，带着疑惑，忙上前求教。

农妇呵呵笑了，也许笑我的无知。她说："那不是枇杷花能是啥呢？每年的这个时节，它就开花了。在寒冷的冬天，还在悄悄地结果呢。它结果的时候，别的树还没有开花呢。你说，它要比别人先结果，咋能比别人晚开花呢？"说完，又埋头割草，全然不顾我满脸的惊诧。

呆愣片刻，我还是忍不住说出了自己的疑惑："可是，冬天里它也要开花呀？它不怕冷吗？你看其他树啊草的都冻得枯萎了，落叶了，它竟然还开花？"

"我怎么知道呢？我只知道枇杷树每年都这时开花，因为来年它要提前成熟啊！"听我带着孩子气的发问，农妇笑笑，埋头割草不理会我了。

思忖片刻，我突然低头轻轻笑了。答案其实已经找到了，不就在农妇的话里了吗？

枇杷树深谙这样的哲学：只有经历寒冬的磨砺，早早地付出，才能比别人先收获丰硕，成就香甜。人生的道理何其相似呢？

想想，我不由加快了脚步：成功的春天，还等着我穿越凛冽严寒去迎接呢！

荆棘花开

暮春的下午，与朋友登山，不知不觉走进了一片莽苍的山野。那时节，山下田野里，曾经如火如荼的桃花、梨花、杏花，都已香消玉殒了。田野里一片岑寂。

刚刚步上蜿蜒的山道，眼前蓦然一片明艳：一丛丛，一簇簇，一片片，一堆堆，是雪白的花朵。像冬日里新积聚的雪花，像大海里翻涌的波浪，像天空中飘零的云絮。我的眼前仿若一片神仙的世界。那翠绿的树们，那嫩绿的草们，都在雪白的世界里摇曳着似的。

我和朋友不由得加快脚步。近了，竟有馥郁的香气，袅绕如蝶，翩翩飞来，扑鼻，入怀。

"那是什么花呀？"朋友从小长在大都市里，从未见过这花海胜景，不由得小女孩般奔跑如风，一溜烟上前。我还在追赶，就听到了她的呻吟："哎呀，它扎手！它有刺！"

听到朋友的话，我蓦然怔住了：分别几十年，我和它终于又见面了！

儿时，上山捡柴割草，总是最讨厌荆棘。它常常像个调皮的孩子，正在你忙碌不堪时，便冷不丁伸出它长满小刺的手臂，悄悄地抓住你的衣衫。待你猛地回头转身，只听得刺啦一声，宝贵的衣服就被它撕开了一个大口子。那时，老爱气呼呼地挥舞着锋利的镰刀，恶狠狠地将它长长的臂膀，呼啦一下就给斩断了。它却没事儿一般，依旧在微风里得意扬扬地摇曳着翠绿的枝条，仿佛在说：哈哈，你奈何不了我的！的确，过不了多久，你会看到它又哗啦啦地疯长起来，蓬蓬勃勃，像女巫头上猛然增多的头发。

捡柴的时候，实在装不满背篓，找不到更理想的柴火，我和伙伴们才会把目光对准那丛丛茂盛的荆棘。因为它浑身长满小刺，柴刀不容易制服它。等你挥舞着柴刀扑向它时，它的魔爪总会冷不丁恶狠狠伸向你，抓得你手臂上鲜血淋漓。就算你费尽九牛二虎之力制服了它，背回家堆放在檐下晒干了，将它作为柴火的时候，它依然锋利的小刺，也不忘狠狠地蜇你一下，像一只恼羞成怒的马蜂。

而今，年近不惑，我竟然在远离故乡的地方和它重逢，它依然如故，依然扎手，依然开花。

那一丛，多么顽皮，它的手臂，长长地伸展着，攀缘在旁边高大挺拔的柏树树冠上，微风吹拂里，它蓬勃的花朵，好像正得意地摇头晃脑，仿佛在说：你瞧，我站得多么高，看得多么远呀；那边一丛呢，它的花朵葳蕤成云，高高地挂在那棵松树上，像给松树戴上了一个艳丽的花环，那花环正在风里悠然地晃荡呢；这里一丛，竟然将手臂远远地伸到了几米外的桐树上，深情地挽着桐树的脖子，好像一对搂肩搭臂的好朋友，又好像荆棘正不甘示弱地将自己细小但馥郁的花朵和硕大的桐花比美呢。

更远处的那一丛，长长地垂挂着一条条开花的手臂，形成了一挂雪白灿烂的瀑布；另外一丛呢，正兴致勃勃地沿着旁边光秃秃的树干往上爬，仿佛要到大树头上看个究竟;旁边的那丛，在风里悠悠荡荡的，垂挂的形状，正好形成一个精致的秋千，在孤独地等待着鸟儿上去玩耍吧。

不管曾经遭遇过多少误解，忍受过多少寂寞，承担过几多艰难，在岁月的风尘里，故乡的荆棘，它从未丢下开花的梦想。春天一到，它依然不屈不挠地开花，开得热烈，开得尽兴，开得如火如荼。

窗外的菊花

　　窗下是一道热闹的大街，街口还有一个嘈杂的菜市场，为了能避开噪音，让紧张疲惫的身体有更多安静的休息机会，我一直将窗子关得严严实实的，窗帘拉得紧紧密密的。因为工作的繁忙，已经记不得有多久没有打开过窗子了。

　　这是个难得休闲的周末上午，我不经意地打开了窗子，拉开了窗帘，一幅让我惊喜无比、震惊无比的景色大画竟然鲜活地映入眼帘：窗子对面的楼顶上有一大片、一大簇开得热烈奔放的菊花。

　　在深秋的美丽阳光里，它们那灿烂耀眼的金黄色，像燃烧的火焰，一下子点燃了我生活的激情。我想起了作家宗璞笔下的那架紫藤萝瀑布，那充满生机、满是活力的神奇景色曾经将作家从忧伤中唤醒，重新投入火热的生活。而我眼前的那一大片美丽的菊花，带给我的美好竟是难以形容的。长期以来，都是天蒙蒙亮就出门上班了，夜深人静之时才疲惫地回家。生活的压力，让我什么时候失去了欣赏风景的时间和心情，我竟浑然不觉。

　　今天，看着那一簇簇开得快乐而喜庆的花朵，我的目光仿佛如初生的婴儿，满是刚打量世界的那一份新奇和激动。不由久久地凝视着，凝视着。

　　阳光很暖，完全驱走了深秋的微寒。灿烂的光线像油彩一般，将那花朵涂抹得更加鲜艳，更加明亮，比凡·高的《向日葵》都要亮丽许多。

那一丛丛的花朵静静地偎依在楼顶的水泥板上，又静静地越过边沿，将身子悄悄地探到下面的墙面上。有的还匍匐在下面窗户的雨棚顶上，是对离它们不远的那扇窗户里的故事好奇，还是为了骄傲地展示它们的修长和美丽，我不得而知。那些花朵密密匝匝地铺满了楼顶的四沿，像给那座孤寂矮小的楼房戴上了一个漂亮的花环，又像是那楼曾经光秃秃的脑门上长出了金黄色的刘海儿，变成了一个漂亮的小姑娘。

那楼曾经是平凡而落寞的，像城市里所有普通而孤独的楼房那样，可现在不同了。我想，因了那一簇簇的花朵，它会迎来多少艳羡的目光，会受到多少欣赏和赞美呀。也许，那些花朵就是一群感恩的精灵呢，它们从楼房顶上长出美丽生命，又用自己的生命来装点那座楼房吧。

忍不住叫来孩子一起欣赏。小小的人儿看了半天嘟囔一句说："那是菊花吗？"我诧异地瞪着他。也怪不得，忙于学习的他，有多少跟花朵亲近的时间呢？我拿来望远镜，和他一起欣赏二十几米外的花朵。

当花朵终于更加清晰地呈现在我们面前的时候，儿子惊喜地说："真的好美丽呀！"我赶紧指点给他看，那圆圆小小的花蕊，四周密密麻麻的细小花瓣，花儿一朵挨一朵，像无数张粲然开放的笑脸。清晰的映照下，我甚至看到了一只蜜蜂在忙碌。我仿佛听到它正在一边工作一边和花朵们亲热地聊天儿呢。那些花儿像幼儿园里活泼的孩子，挨挨挤挤地，拥拥搡搡地，纷纷好奇地挤进我望远镜的镜头里，闹着，笑着，像在嚷嚷："看我吧，我最漂亮！看我吧，我最漂亮！"镜头移动着，我还看到了点缀在绿叶中的饱满的花骨朵儿。它们也不甘示弱，正在努力地长着个儿，憋着劲儿，像在幕后精心化妆的演员，就要激动地登台演出了。

摘下望远镜，我的目光还是无比留恋地久久地停留在那些花朵上面。我想，这么长时间的凝视，它们大概也认识我了。我仿佛觉得它们对我绽放的笑容都比先前更鲜亮了。

就这样，不忍再关上那扇窗户，哪怕噪音骚扰。以后，我也要争取更多的时间和那些花朵面对面，因为我爱它们。而每一个热爱生活的人都不应该把美丽的东西关在窗外的，尤其是心灵的窗外，不管什么理由，不是吗？

一树繁花轻轻开

花园里，一树繁花。

硕大的叶片，不规则的五角形边沿，如孩子摊开讨要糖果的手掌。碧绿的叶片里，一朵朵花儿，开得喜气洋洋，如满天繁星。花朵如幼儿拳头大小，花瓣层层叠叠，密密匝匝，生机勃勃。花蕊淡黄色，稚嫩，娇羞，如少女额前轻拂的刘海儿。

花枝茁壮，每一花枝上皆有无数分权的小枝，上面赫然绽放的是明艳的花朵，如娇媚的新娘面庞，如粉嫩的少女脸颊。一个花枝上竟然开着不同颜色的两种花朵：一种粉红，一种乳白。粉的，如婴儿初生的面庞，嫩得吹弹即破。乳白的，如被牛乳洗涤，清新，娇嫩，明澈。

一种植物，两种花朵，就像一个人可以活出两份人生似的，让人匪夷所思。我在花树下，久久驻足，心生惊喜，又满怀敬仰：它为何如此与众不同？生命的奇迹是如何创造的？

正困惑不解，园丁来了。那是一个身材修长的男人，面容清癯，头发斑白，长髯飘拂，眼神澄澈，如参禅悟道的僧人。他正手持粗大的剪刀，随心所欲地修剪着树木花草。

我向他求助。他笑了，说："那有啥稀奇的？它本身就叫双色芙蓉。"

双色芙蓉？怪不得它的花朵似曾相识。那是蓉城最为熟悉的花朵呀。

"长成双色多么不容易,还开得满树都是!"我不由慨叹。园丁笑着说:"是不容易,可是正因为花朵繁密,它常常夭折,被风折断枝干,被雨浇得凋零。"

他指给我看,其中一株花树已被折断过,而今开出花朵的枝丫,是重新长成的。旁边邻居呢,正歪斜着身子,一副疲惫不堪的样子,也是风的杰作。

我心疼,也困惑。园丁说:"正因为它的花朵繁盛,叶片茂密,营养都输送到花叶上了,枝干竟然是中空的。"他折了根小枝条,将剖面指给我看,"这就是它的枝干内部,质地稀疏,木质绵软,所以容易折断。这些树,都是被去年那场风吹折的。"

那场风,我记忆犹新,虽然瞬时天昏地暗,可并没有飞沙走石,更没有多少树木损伤,然而双色芙蓉竟然受伤了。

"你看那边的桂花树,木质坚硬、密实,再大的风雨也奈何不了它。这不,花朵虽小,一直香飘万里呢。花儿开得潇洒,树也活得滋润,岂不更好?"园丁仿佛喃喃自语,又仿佛说给我听。

园丁说:"也许树跟人一样,是公平的。你看这满园的花朵,就只有它开得最得意扬扬,可是繁花密叶的背后,却要承受夭折的危险啊,就像做人,高官厚禄,锦衣玉食,香车宝马,人在志得意满之时,免不了缺乏警醒、节制、约束和居安思危,终是经不住狂风暴雨的。"

我对园丁刮目相看,不由肃然起敬。猜想此人一定来历非凡,对生活的参悟和明了,仿佛哲人一般。

临出花园时,特地询问了门卫老头。他凄然一笑说:"那老刘,就是曾经的双色芙蓉花呀。年轻时,他位高权重,声色犬马,得意扬扬。就因为那样的张扬和放肆,被吹折了。现在好了,主动管理了这园林,像隐士一样,将满肚子学问用到了花草树木身上,写了几本研究花草的书籍,是小城花木方面的专家,活得怡然自得,好不自在呢。"

人生如树,名利如花,我们需要怎样绽放呢?如三秋桂子,小花星星,亦可香气四溢;即便不经意间,得一树繁花,也要轻轻开呀!

做一粒米桂

秋日里，校园满目萧瑟，落叶飘零，碧草披黄，可是，却有一缕幽香，如烟如雾，如丝如缕，袅袅地飘绕在校园的每个角落里。那是桂花的香。

十几株桂树挺立在校园的行道两旁，绿叶葱郁，一株树就是一把青碧的伞盖。可是那些花，细小如米粒的淡黄的小花，如点点繁星隐匿在枝叶间，如果不走近了细细地看，几乎难以知晓它们的存在。也许，就因为它太细小的形体，人们才称之为米桂吧。可是，那些香，那些可以随风飘散十里的香，就是这些毫不起眼的花们散发的。

我不禁肃然起敬，忍不住将鼻子悄悄地凑近了，近得可以和一粒米桂私语。原来，每一朵如米粒般大小的花都在努力，努力展现它作为花的风采：飘散幽香，源源不断。

沉浸在如歌般悠远的香里，我不禁想起了春日的校园。那时候，姹紫嫣红，一片欣欣向荣。有开得如火如荼的杜鹃花，五颜六色的，引得成群的蜂蝶环绕，甚是热闹。还有些花，哪怕叫不出名儿，都以自己艳丽而硕大的夸张外形，吸引着无数欣赏的目光。

尤其是那几株玉兰花。记得初识它们，就是因为那张扬得像广告画一般的花朵。那时，玉兰树尚未萌生出叶芽，它们就迫不及待地展开了笑脸，似乎要赶在绿叶到来之前亮出自己，给世界一个明媚的宣告：我多漂亮，我多重要！起初，为它不羞涩，不内敛，勇敢展露风情的个性吸引着，不禁把夸赞的目光送给它。可是，那一夜狂风骤雨之后，第二天，满树骄傲的花朵全部零落成瓣，委顿成泥。其他那些漂亮硕大的花儿，一样难避噩运，全部在风雨的摧残里香消玉殒。不禁伤感：张扬的形，艳丽的色，却只有短暂的美丽。看到残败的花园景象，老师学生都唏嘘感叹，仿佛花儿凋逝时的哭泣。

无独有偶，这个秋日，竟也遭遇狂风暴雨。心里存着米桂的香，听着窗外雨狂风吼，有几多牵挂，几多担忧。那淡雅的香也会随风而去了吗？

第二日，早早起床赶到校园，远远地看到学生们仍旧在树下晨读，不时有人眯着眼睛，伸长脖颈，将鼻子凑近枝丫，贪婪地在做深呼吸状。我便欣喜：桂花依旧，它还在默默地为人们带来甜蜜，散发芳香。

果然，几步跨近，那些如米粒般大小的花依旧稳稳地栖息在枝头，如满怀梦想的小鸟，随时准备展翅九霄。当然，米桂的展翅，就是将它的香恒久如一地播撒人间。

凝神良久，突然想到，倘若人生如花，我非常乐意做一粒米桂。敛起硕大的虚荣，默默隐身于绿叶间，可以平凡，可以细碎，但是，却能够在骤雨狂风后依然笑傲人生，依然默默地为这个世界飘散幽香。

野树和牡丹

一个花盆，青花瓷图案的，专门为了迎接喜欢的一株牡丹。

牡丹特地从一个远房亲戚家讨来，跋山涉水，经历了迢迢路途，只因五月的乡间，被它粲然怒放的华美和高贵折服。

那是五一假期，到乡间游玩，不经意看到了亲戚园子里那株株开得热辣辣、喜洋洋的花朵。白色高贵如玉，粉色娇艳如霞。两种颜色的花朵在葱翠油绿的叶片间，相互映衬，相互烘托，如两位娇贵出行的公主。在偏僻的乡间，在一群杂花野草繁茂的乡间，它们让我怦然心动。

因为忙碌，家里的闲花杂树皆被忽略，多是无疾而终。可看到牡丹，养花的决心空前坚定，哪怕囊中羞涩，也敢于"一掷千金"，遂买了最名贵的青花瓷纹的花盆，想给高贵的牡丹以最妥帖的安放。

深秋时节，移栽，培土，浇水，施肥。牡丹不负期望，叶片繁茂。眼巴巴盼望开花。亲戚说，只要好好培植，来年定然花开富贵。不久，与牡丹一起疯长的，竟还有一株无名野树。叶片硕大，如男人宽厚的手掌，边沿锯齿密布。触摸叶片，毛茸茸如幼儿头发，细看，原有一层细密茸毛密布其上。

为保牡丹，丈夫要斩树除根。我忙着制止说，虽是株野树，既然已经葱茏一片，何不给它一份生存的权利？丈夫终究退让，野树因我的善意侥

18

幸存留。

此后，似为报恩，它一天天茁壮，愈加枝繁叶茂。盆太小，野树与牡丹争夺肥料，终是不妙，于是再次追肥，只想让它们并驾齐驱。谁让都是生命呢？

不速之客，不期而遇，就是缘分，我这样对丈夫解释野树生存的权利。

冬天到了，牡丹不敌风寒，渐渐缩了脖颈，消失了踪迹，而野树还以几枚阔壮的叶片和寒风对抗。野树终究败下阵来，已是深冬。丈夫再次要拔掉野树，我又求情。我想满足一株野树茁壮的愿望。

冬去春来，牡丹沉睡醒来，日渐冒出浅红的嫩芽，渐渐转成淡绿，最后葳蕤生光，一片油绿如洗，在阳光里熠熠闪闪，展示着强劲的生命律动。

而野树呢，也不甘示弱，枝干愈加笔挺修长，如着急蹿高的少年。它的叶片，比去年秋天愈加生机勃勃，在顶端形成一团绿色云朵。远望，树冠如一把翠绿小伞。

丈夫再次要求斩掉野树，说怕影响牡丹开花。我依然制止。谁规定昂贵的青花瓷盆只配牡丹栖身？况且，还有一盆呢，照样可以欣赏花开胜景。的确，旁边那盆没有野树的，长得葳蕤郁郁。叶片壮硕如森林，浓密像青丝。

暮春，牡丹如约绽放。白色的圣洁如雪，在碧绿叶片里兀自伸展着脖颈，将层层叠叠的如羊脂玉般的花瓣展露无遗。夜晚，因了那花朵的盛放，花盆里如同擎着雪亮的灯盏，让阳台灿烂如昼。还有粉红的，更是娇艳夺目。在朝阳里，露珠点缀，娇嫩的花瓣如少女的脸颊，吹弹即破，娇艳欲滴。

那株野树呢，依然笑对春风，长得生机勃勃，得意扬扬。

生命的世界里，应该拥有牡丹的高贵，也应该容许野树的平凡。

与树同居

　　某日清晨，当你睁开蒙眬的睡眼，猛然看到一枝翠绿伸进窗棂，向你轻轻摇曳，似在招手示意，像在颔首微笑，你会做何反应？

　　我的朋友当即欢呼雀跃，迅疾上前，将白皙的脸颊紧贴树枝，幸福呢喃说："欢迎你，亲爱的小树！"

　　她的丈夫，那个五大三粗的男人，当即恼羞成怒，愤愤然说："竟敢侵占到我的地盘了，成何体统，我非得剁了它不可！"

　　"你敢！我决定了，你敢剁了树，我就休了你。别忘了，这房子有我一半的产权。我有权利与树同居！"老婆气势汹汹，如河东狮吼。男人立即偃旗息鼓，败下阵来。

　　那番对话，只是夫妻快乐生活的一幕闹剧。

　　与树同居，多么诗意的境界，多么浪漫的情怀。我的眼前不由徐徐展现一枝葱翠欲滴的绿色，在微风里，如一只玉臂，轻轻缓缓地，斜伸进粉红的窗棂，和嫩绿的窗纱相映成趣。那是一幅多么和谐美丽的图画呀。

　　朋友向我深情描述。她说："我在窗前埋头创作，在电脑里噼里啪啦地敲打那些文字的时候，我能感觉到，树正深情地凝视着我。它在倾听我心灵的诉说，它在关注我工作的状态。当我疲惫了，一抬眼，树枝就在清风里向我摆手问好，颔首微笑，仿佛在说：嗨，亲爱的，歇歇吧，别太劳累了；当我文思枯竭，抓耳挠腮时，一抬眼，树枝的葱绿给我启迪，予我灵感，顿时便神思曼妙，文思泉涌；当我夜里失眠，冥思苦想，神游天外之时，看着窗边摇曳舞动的树枝，便心空澄明，那树枝如观音手中的拂尘，顿时将我的满心烦忧驱赶殆尽，让我酣然入梦……"

听着朋友兴高采烈讲述自己和树同居的美丽故事，我的眼前不由徐徐展现她的诸多人生画面。

少女时，她便做着美丽的文学梦，想要读万卷书，行万里路，成为现代版的徐霞客。于是，只身出行，阅湖泊，读大海，攀登高山，驰骋草原。一路坎坷，一路风尘，被路人救助过，被警察寻找过，被父母责骂过，被他人嘲笑过，依然初衷不改。然而，一场突如其来的车祸，截去了她行走的双腿。从此，轮椅便是她的伴侣。

谈婚论嫁了，父母遍寻媒人帮忙，拜托朋友介绍，她却一一拒绝，还明目张胆地搞了网络征婚，将自己跋涉旅行的照片刊登在网上，将旅行的生命体验张扬得淋漓尽致。

征婚广告说，寻找志同道合的灵魂伴侣，此生与富贵无缘，和名利有仇；祈愿和诗书相伴，希望和知己同行；仗剑走天涯，倚文创人生。亲人感叹，父母担忧，都说她在做白日梦：凭她的条件，前来应征的，定是骗子。

结局出人意料。一个英俊潇洒、嗜诗如命的好男人愿意和她相携一生。他们心心相印，息息相通。彼此举案齐眉，琴瑟和鸣。

写作之途，跋涉艰辛，加之她的身体每况愈下，家人每每苦心劝其放弃。她却依然故我，在文学的山峰披荆斩棘，咬牙攀缘，誓要登顶。正当大作得奖的喜讯频频飞传之际，却被告知病入膏肓，生命时日不多。腹中爱情的结晶也只得忍痛丢弃。

家人背着她多次悲伤垂泪，将病情深深隐瞒，生怕她知晓，生怕她绝望。她却在一篇文章里喜悦写道：感谢生命，让我还有三年的时光可以享受。一千天，有多少奇迹将要诞生！原来，她早已了然一切，却坦然如初，平静如昨。

　　此时，我推着她的轮椅，在和煦的阳光下，听她讲述和一棵树同居的故事，内心充盈着感动，洋溢着美好。

　　一个痴爱生活的人，她不仅可以和一棵树诗意同居，还可以和挫折，和病魔，和一切人生的苦难和平共处。那么，如果生命如树，让我们用乐观抵御风雨，用坚强抗击雷电，用热爱的泉水灌溉，用执着的信念施肥，生命定会枝繁叶茂，蔚然成荫！

长成一棵树

　　班里一女生，成绩优异，且身为干部，备受老师恩宠，频频被荣誉青睐。一日，女生向我哭诉，说她朋友远离，孤独凄苦，还备受谣言中伤，身心俱疲。我知道是一种叫嫉妒的瘟疫，在学生中间蔓延。其实，嫉妒的病菌，在成人世界尚且传染且难以根治，稚嫩的孩子又如何抵御和幸免？

　　思忖片刻，领那女生去校园散步。绿草如茵，鲜花怒放，阳光和煦，是晴好的春日。那女生却没心情，神情沮丧，脸色阴郁，只差哀哀哭泣了。

　　于是指着校园的一株高耸入云的绿树，笑了对她说："你看，大树周围芳草萋萋。那些草儿都得活着，都想茁壮，都争着长高。当资源有限，同样的阳光普照，同样的雨露滋润，如果一株草比别人多了阳光雨露，多了挺拔生长的机遇，当它葳蕤繁茂之时，便是脱离伙伴、备受排挤的时候啊。而草地上的大树呢，草们会嫉妒它吗？"我问那女生，她摇摇头。

　　"对呀，当你长成一棵树，草们便只得仰望，还受到你绿荫的庇护。你给它们挡风雷，给它们遮骄阳。草们不但不会嫉妒，而且会对你崇敬和信服。所以，何必悲伤呢？努力吧，让自己在草丛里拔地而起，长成一棵树，你便拥有了直指云天的威仪。"我语重心长地说。

　　女生恍然大悟，继而释然解脱。此后的时光里，她奋发图强，废寝忘食地拼命，从班里的干部做到了学生会主席。她夜以继日，苦学勤研，参

加奥赛，一举夺魁。当她作为全校先进学生代表上台发言的时候，收获的是仰慕，是掌声。在班里，她重新拥有许多朋友。男孩、女孩，都积极向她讨教，虚心和她切磋。她也低调谨慎，稳步向前，引领全班同学奋斗。后来，那女生在周记里欣然写道：长成一棵树后，我甚至顾不上去低头俯视小草的神情，只顾得给它们荫蔽，给它们保护！是呀，长成一棵树后，你便拥有了大树的风姿，大树的胸怀。

一个朋友，在成人的世界里，遭受的嫉妒更加惨烈。因为她的优秀，总和同事格格不入。他们远离她，诋毁她。让她成了领导眼里煽风点火的坏蛋，同行背后飞短流长的小人。她无比苦闷，甚至想到了避让，想到了逃离。

当我把长成一棵树的理念告诉她时，她欣然点头，豁然开朗："是呀，凭着曾经优秀的文笔，为何要甘愿被周围的野草淹没，还要苦苦和它们争夺日光，抢占雨露呢？我本来就有长成一棵树的机会！"

从此，她拒绝荣誉，远离功名，只管埋头创作。当作品频频发表，佳作连连获奖，文联的领导找到了她的领导，他们要把她这棵树移栽到更广阔的天地里了。那时候，她已经长成了一棵枝叶披拂、摇曳云天的参天大树。那时候，周围的"草们"已经停歇了谣言和诋毁，只是仰望她的挺拔苗壮，蔚然成荫。

俗世里，每个人都有渴望被肯定的意愿，希冀被认可的迫切。当和众多的草们为了一方贫瘠的土地而争夺，为了一米可心的阳光而斗气，不若励精图治，奋发图强，让自己蔚然成荫，参天成树。那时，你便有放眼长天的壮阔，比肩日月的挺拔，和霓虹为伍，与风雷做伴，再也听不到脚下小草的嘀咕，身旁灌木的哀怨，你便拥有一棵树参天的气度，坚挺的风光。

冬日里的春天

这是一条充满生机的沿江路，我曾经在春天、夏天和秋天，无数次地歌颂过它，因为它的春花灿烂，因为它的绿意蓬勃，因为它的果实丰饶。

而现在，我是在冬日里，和它亲近。

落日灿黄耀眼，如一枚硕大的橙子，风韵悠然，成熟得让人垂涎欲滴，它就静悄悄地挂在两栋高楼之间的树梢上，仿佛触手可摘，又仿佛遥不可及。它又像个顽皮的画家，故意将它的画作涂抹在水波之上。水中的画里有一栋栋正在拔地而起的高楼，俊秀挺拔，如伟岸的青年。有岸边摇曳的水草和翩飞的归鸟，还有落日自己的倩影，也不忘镶嵌在水中画作的高楼和大树之间。

河边，有零星几个垂钓的人，支着篷子，垂着钓竿，或静坐等候，或伫立翘望。从安静厚实的背影里，看到的是等待的生机和希望。也许他们垂钓的不是鱼儿，而是幸福的生活、美丽的心情。几只鸥鸟在翩然飞翔，姿态俏丽而优美，好像故意在落日的余晖里，在灿烂的晚霞里，向垂钓的人们炫耀自己的演技呢。

道路两旁，棵棵垂柳，虽然发梢依稀有些卷曲，有稍许枯槁，可依然如健壮的中年女子，显示着充沛的生机和活力。那微风里轻拂的柳丝，依然俏丽多姿；那披拂的柳条，依旧绿意盎然。旁边呢，一株黄葛树，像忠

诚的邻居，执意和柳树相守相依。它的旺盛生命毫不掩饰地彰显在翠绿的叶片上，好不含蓄地流露在鼓胀的绿意里。那硕大的树冠，那蓬勃的绿色，仿佛在无言地宣战：不管寒冷有多么凛冽，我自岿然不动，稳如泰山！

再前行，是金黄的银杏。也许冬日的到来，才是它生命最辉煌的时刻，因为经历秋风的洗礼，生命愈加厚重。谁说只有绿色是生命能量的展示？那一地金黄曾经激发了多少诗人吟哦的灵感？它们为那灿烂的生命之色喝彩，为那成熟的风韵之色歌咏。

还有那株红叶李，一树紫红的叶片，赫然书写着和别人不一样的风采和传奇。曾经紫红的果实，让它与众不同，而今，走进冬日，那一身厚重的紫红，还是格外醒目。生命，就当如此个性鲜明！

一个戴小红帽的胖嘟嘟女孩，着粉色棉袄，蹒跚着，像颗移动的棉花糖，嘴里清晰地哼着儿歌：春天在哪里呀？春天在哪里？春天在小朋友的眼睛里——果然，我凝视她的眼睛，那里写满了春天的憧憬：有鲜艳的红裙子，有彩色的泡泡糖，有明天的好梦正在滋长。那边呢，一群少年正在风里玩轮滑。清风拂起他们红的、黄的、白色的棉衣，还有一大群灿烂的笑容。欢声笑语如飞鸟一般，牧放在冬日傍晚的风里，翩翩飞翔。他们宛若春日田地里生机勃勃的禾苗，你听到的只是生命噼里啪啦地拔节生长。音乐正在流淌，笑容已经绽放，节拍已经踩响。那群老人，他们正和青春重新相约，在和冬日一起舞蹈。

银杏树下，妈妈们，领着小弟弟小妹妹，一起咯咯地乐，一起慢慢地跑。伴着翩飞的银杏树叶，笑声在飞舞，快乐在飞舞，铺天盖地都是甜美的气息。那是生活幸福的味道，那是生命飞扬的欢畅。

行走在冬日的傍晚，我满眼都是春天。其实，只要心里有春天，人生，便会四季如春！

向往一座山

到乡下的朋友家玩，刚到的时候，朋友屋前的那座山就吸引了我的目光。那是一座不算挺拔高大的山，能看到蜿蜒崎岖的石阶小路，隐隐约约通向山顶，还有山脚零星开放的野花，五颜六色的，煞是惹眼。

我很想去看看，就央求朋友一道去。她笑了，说："你也是山里长大的，那么普通的山有什么看头？先吃饭，再陪我聊天儿，完了再说。"

吃完饭，朋友饶有兴致地开始聊天儿，说到儿时的趣事，说到青春年少的迷惘，说到爱情婚姻的波折，说到这些年奔波的辛酸和收获的快乐。我开始听得很是专注，其实，那些都是我想知道的。我也一直在惦念着朋友的一切。可片刻，不知为何，目光便不经意就越过窗子，飞到了对面的山上。朋友看我心不在焉的样子，就说："你还真想看那山？"我点点头。

傍晚，西天的晚霞正流光溢彩，像一个美丽的梦。我无暇欣赏，催着朋友赶紧爬山。穿着高跟鞋，丝毫没有阻碍我对那山的向往。朋友边走边打电话，很是悠闲和慵懒的样子。眼看暮色四合，一会儿夜色可能将淹没那座山，便扔下她，自己一个劲儿地往上爬。

山脚的花幽香四溢，在淡淡霞光里，分外漂亮，像一个个羞涩美丽的村姑。山间的小路上零星铺着石子、苔藓，还有松子和落叶。路两旁满是萋萋野草，繁茂旺盛，和一些矮矮的灌木相依相偎，蔚然成荫。举目都是树。

松柏居多，还有我叫不出名儿的树木，密密匝匝地分布在山坡上。

爬至半山腰，夜色已经降临。山间小路变得模糊不清，依稀只有白色的石阶。树林里传来夜鸟的啁啾，还有不知名的动物模糊的叫声，有些悚然。但我不肯停下脚步。我的梦想是爬至山顶。我想知道这座山的那一边是什么，哪怕在夜色里。

远远传来朋友在身后的呼叫。她说："天快黑定了，你还要爬吗？咱们下山吧。"我冲着树林大声回答说："我还要爬到山顶呢。"

等她气喘吁吁爬到山顶时，我已经准备下山了。朋友边抹汗边笑着问："是不是特别失望？没什么惊世骇俗的景致吧？"

我也笑了，说："我原本就没期待非得欣赏到惊世骇俗的景致不可。我只是想看看，满足我的向往罢了。"

她笑说："你真是一个有个性的人。怪不得有那么好的成绩！"

是呀，人生，总得有一些向往，哪怕是一座山。在向往里不停地追求，探寻，就算山顶没有你期待的风景，可是沿途的景致已经丰富了你的人生，你不断追寻的脚步已经书写了你生命的多彩。

辑二

风已来过花知道

当美好成为习惯

和我同病房的，是两个老太太，一个来自农村，一个来自城市。

第一天晚上，夜幕刚刚降临，来自农村的老太太便顺手关闭了屋里的所有灯盏。城市老太太大声嚷嚷说："你个老太婆，干什么呢？这么早就关灯睡觉，你睡得着吗？"

"睡不着眯着呗，我们乡下人习惯了，天一黑就关灯。"农村老太太说。

"我可睡不着，快开灯！"城市老太太语气很冲。

"你有事儿吗？开灯干吗呢？可惜了电费！我们乡下人习惯……"农村老太太嘀咕。

"你说啥？可惜了电费？呵呵，你做雷锋呢，又没有用你家里的电，你心疼个啥呢？"

"浪费咋不心疼呢？开着灯，你又没事做，不如关灯躺着，我们乡下人习惯……"

"我偏要开灯！"城市老太太仿佛更年期综合征严重，不依不饶。

电灯重新亮了，农村老太太深深叹口气，无奈地睡下了。

片刻，传来城市老太太的鼾声，巨大如雷，原来她在灯光里睡熟了。只见农村老太太蹑手蹑脚地起身，轻轻地关了灯，又悄悄地摸索回自己床上安静地躺下。

一直沉默的我，心里不由泛起了涟漪：因为农村老太太的那份朴实和善良。

第二天一早，城市老太太抢先占据了洗手间。她边漱口，便将水龙头拧开，让白花花的水哗啦啦流淌。农村老太太皱着眉头说："大姐，那水淌着可惜了，我们乡下人习惯……"

"啰唆啥呢？这水费在我的住院费里交了的，不用白不用！"城市老太太理直气壮。

"咋能那么说呢？这水淌着，对你也没有好处啊。来，关了吧！我们乡下人习惯……"农村老太太正准备伸手关掉水龙头，城市老太太竟然索性打开了另外一个水龙头。

我一看剑拔弩张的形势，赶紧调停，劝说一阵，将水关了。

该打针了。进来个青涩的小护士，秀气羞涩，一脸笑容。正要给城市老太太打针呢，她脸一扭说："不要你打，我要找护士长！"

农村老太太看小护士满脸尴尬，半天不知所措，赶紧热情地笑着说："来，给我打吧，我不怕疼，你放心打！"小护士汪在眼眶里的泪水终于没有掉下来。她感激地绽开笑容，给农村老太太打针。一次未打中，二次又失手。小护士急得眼泪都出来了，不住地道歉。农村老太太反倒呵呵笑着说："小姑娘，我这老皮老肉的，没感觉，你继续扎吧。你要是害怕，就把眼睛闭上，使劲扎，当成棉花包子扎！"

小护士破涕为笑，眼泪盈满眼眶，又扎了两次，终于扎中了。

城市老太太在旁边一惊一乍地说："哼，就那水平，也来医院混，趁早滚蛋吧！"

"老嫂子，谁没有当学徒的时候呢？姑娘刚出来，慢慢就好了！"农村老太太满眼慈爱。

这一次，我看到了城市老太太投给农村老太太的目光，只一抹，却温和。

第二天，夜幕刚刚降临，出人意料地，城市老太太早早地躺在了床上，对农村老太太说："老嫂子，如果你不习惯，就关灯吧，我们躺着摆摆龙

门阵。"

农村老太太喜不自禁，俩人终于在夜色里，畅快地开始了交流。谈着谈着，笑声就响起来了。

次日清晨，城市老太太让农村老太太先洗漱，自己只接了半杯水就关掉了水龙头。

小护士再来病房时，城市老太太没有了叫嚷，还乖乖地撅了屁股让她扎针。而且，我清晰地看到了城市老太太疼得嘴巴咧歪着，却咬紧牙，硬是没吭声。

看着俩老太太已经成了好姐妹，我蓦然领悟：当节俭成为习惯，当善良成为习惯，当包容成为习惯……当一切美好成为习惯，就会诞生更多的美好！因为，当好习惯成为一种情怀，就能传递力量！

母爱的形式

那时在小城的师范学校读书，宿舍里隔三岔五地便有一位母亲来访，或为自己的女儿买来称心如意的穿戴，或为之带来好吃好玩的东西。即便是较清贫的农村母亲，也要为大家捎来几份难得的惊喜。自然，每位母亲的来访总为大家带来许多久违的快乐。宿舍里十位同窗先后来了六位母亲探望，还有三位工作太忙走不了的，也不忘捎来温馨的问候，只有一位迟迟未露面，那就是兰的母亲。

一个寒风呼啸的冬日夜晚，刚下晚自习，走到宿舍楼前，只见一位中年妇女背着一个沉沉的大包傻站着。我们都冻得瑟瑟发抖呢，她却还在不停抹汗。正要上前询问，站在身后的兰忽然就钻出来，迎上前去紧紧拉住了那女人的手，边替她擦汗边声音颤颤地说："妈，您咋来了？也不告诉我一声。"一听是兰的母亲，我们姐妹几个便热情地将她迎进了宿舍。在路上，我们发现兰的母亲右腿有点儿瘸。

待兰的母亲落座，我们才发现，大冷的天，她脸上却是热汗涔涔，忍不住问："阿姨，这么冷的天，您怎么那么热啊？"阿姨擦擦额上的汗疲惫地笑着说："我是从家里走来的。我晕车，一坐车就吐得七死八活的，干脆走路算了。""那您家离这儿有多远？""不太远，也就120里路。"听完阿姨的话，宿舍里一下子静极了，连掉根针都听得见。半晌，兰轻轻揽

着坐在床头的母亲的肩，动情地哭起来，边哭边说："妈，我不是让您别来吗，您为啥不听呢？您腿不好……"兰的话淹没在一阵抑制不住的哭声里。

兰的母亲却依旧微笑着边替兰抹去泪水边说："哭个啥？真是没出息，惹同学笑话呢。我们农村人走点路算个啥？瞧你……"顿了顿，她又说，"妈开始也不准备来，可又挺想你，再加上你说宿舍里其他同学的妈妈都来过，这些天又是农闲季节，闲着也是闲着，我就来了，就想来看看你，也看看你们。"说完，来不及歇息，她先将包打开，变魔术似的为我们拿出许多好吃的，什么炒花生、炒豌豆、炒黄豆、自制咸菜……虽然没什么贵重的，却装了满满当当一大袋子。看我们吃得香香的样子，兰也忍不住破涕为笑了。

那晚，兰与母亲谈到深夜，但总是母亲问得最多，问兰的衣食住行，问兰的学习生活，问兰的心情身体。平凡的问询里，体现着母亲的切切牵挂和眷眷爱恋。就在母女俩的绵绵絮语里，我们沉沉地进入梦乡。

第三天，天蒙蒙亮，兰的母亲又早早地步行回家了。那120里的崎岖山路，她孤独跋涉，又得整整走一天呢。后来兰才告诉我们，母亲的腿是因为抢救小时坠落冬水田的她才落下的毛病。而如今，母亲又用那为女儿牺牲了的残腿，跋山涉水表达别样的母爱。

是呀，母爱是不讲求形式的。只要是母亲的爱，无论是何种形式，都是最美丽、最真醇、最动人心魄的。

标题：在自卑的废墟上开花

恋爱的代价

到另一座城市开会，我竟然打听到一个久违的初中同窗。她在一家企业工作，丈夫是做生意的。突然渴望着前去拜访，不为别的，就因为她是我初中的偶像，一个幸福和幸运的代名词。

她叫刘美玉，大家都叫她美玉。人如其名，她长得真的如花似玉。那时，她和我们一群农村姑娘在一起，活脱脱就是鹤立鸡群。不仅是她超尘脱俗的美丽，还因为她是乡长的女儿。

情窦初开的时节，她不仅是我们效仿的偶像，更是男生们心仪的对象。初一伊始，她和我还有小兰，我们仨的成绩总在年级遥遥领先，成为男生们超越的目标。可到初二时，美玉日渐脱离了我们的阵营，落到了年级的第二梯队，因为那时她太忙了，忙着应付那些堆积如山的情书和信件。校园虽小，可男生们依旧用最保险的方式——寄送信件。近在咫尺，却通过邮局，转一圈再送达美玉手里。男生们总是煞费苦心地设计着信件的内容：变换字体，插图绘画，或者直白，或者含蓄，或者粗俗，或者雅致，或者署名，或者匿名。他们纷纷向美玉表达着他们心头燃烧的爱慕之情。

虽离开了我们的阵营，可友谊还在，自己忙不过来，美玉有时也请我和小兰帮忙。那时的周末，我和小兰常常躲在美玉父亲简陋的办公室里，替美玉处理情书回信。看到那些或者真挚得感人肺腑，或者夸张得惊世骇

俗的表白，我和小兰常常脸热心跳，仿佛被人追求的是我们自己，而不是美玉。而美玉呢，却不以为意，淡然处之。她大方地和我们分享阅读情书的感受，有时乐不可支，有时满脸得意，有时呆呆痴想。看着美玉陶醉的表情，我仿佛看到了一个美丽绝伦的公主，正乘坐着特制的金马车，快乐地向幸福的未来奔去。

开始，我和小兰会和美玉一起快乐，一起沉醉。慢慢地，我们有了复杂的感受。一种叫羡慕的情感严实地占据了我们友谊的空间。渐渐地，我和小兰不再搭理美玉了，开始重新沉浸在学习中。因为我们都是貌不出众的丑小鸭，而且没有美玉那般显赫的家世，以及预备的美好未来。按当时的政策，美玉只要高中毕业，就可顺利地倚靠父亲的关系走进乡政府工作，那可是农村孩子无比欣羡的美差啊。

友谊出现了裂痕，可我们并没有停止对她的关注，甚至羡慕和嫉妒。豆蔻年华，谁都希望有男生将爱情的橄榄枝抛给自己，谁都希望自己是男生心目中的公主，是受人倾慕的美丽姑娘。可是，几乎全校的男孩，都将目光对准了美玉。

记得一段日子，美玉的情书足足塞满了一口大大的箱子。那是一只红色的樟木箱，还散发着淡淡的清香。那是我最后一次欣赏美玉的收获，也是最后一次帮她回信。那以后，我和小兰一门心思地扑在学习上，和美玉再无往来了。只不断地听到有关她的传闻：谁谁又给她写信了，谁谁要为她断指明誓了，谁谁要为她自杀殉情了。我和小兰都不闻不问。那时，我俩正铆足劲儿地比拼着，希望促进彼此的进步。

那是一个夕阳西斜的黄昏，小兰号啕着找到我，哭诉了她家的不幸遭遇。原来，她母亲因病去世了，临死时，叮嘱父亲一定让小兰继续上学，别再吃没文化的亏。父亲便流着泪对小兰说，你要为你妈争气呀，无论如何要考出这个穷山村，端上铁饭碗，让你妈的在天之灵能够安息！

听完小兰的话，我替她哀伤，也幡然醒悟。其实，我的家境和她相似，我们都只能拼命奋斗，才能改变窘迫的生活，不像美玉可以衣食无忧地坐拥美好未来。

那以后，我们甚至懒得打听美玉的事情了，完全沉醉在学业中，夜以继日地努力。特别是小兰，家庭的贫寒，升学的压力，加之平凡的长相，她几乎成了一只被人遗忘的丑小鸭，独守教室一隅，默默无声地拼搏着。到最后，她稳居第一，遥遥领先的成绩，连我也望尘莫及了。

后来，小兰如愿以偿考取了自己理想的中专学校。而我，因为一分之差，走上了复习的道路。知道结果的时候，我伤心地哭了。其实，因为虚荣作祟，我曾经也跟美玉一样沉溺于虚幻的早恋里，被所谓的甜言蜜语迷失了方向。等我清醒过来，小兰已经早早地飞远了。

初中毕业至今，我是第一次打听到美玉的消息。曾经的情谊，又如初春的草芽，慢慢萌发苏醒了。我联系美玉，她热情而激动地答应了和我见面。

坐在去她工厂的车上，我一路上设想着美玉的漂亮。四十来岁的美玉，会是什么样的绝色佳人呢？有甜美爱情，有丰裕生活，她一定被滋润得美丽非凡吧。

到了，我站在厂子门口等候。片刻，一个明显发福的中年女人慢慢朝我走来。我上前，询问她美玉工作的地方。女人呆呆地凝望着我，片刻，嗫嚅着问："你是李玲？"我迟疑地点点头。女人忽然一把紧紧抱住我说："李玲，我是美玉呀！"

我惊异地打量着面前的女人：粗壮的身子，醒目的皱纹，粗糙的皮肤，浑浊的眼睛，枯涩的头发。看我失态的样子，美玉深深叹气说，我也差点儿没有认出你来。你比在学校时漂亮多了。虽然她带着恭维，但我明白，绝没有她那样的老相。

都说岁月催人老，是什么强劲的风暴，吹走了美玉青春时的如花似玉？

接下来的诉说，我才恍然大悟。原来，美玉后来并没有接替到父亲的工作。那时，恰逢改革，美玉又高中肄业，便错失了人生机遇。她不甘心，就傻等，想要等到政策变化，凭借她父亲的关系找到工作，却失望了。时光流逝，快三十的她，只得草草地找个做生意的男人嫁了。那男人一时贪

恋她的美貌，婚后，并不善待她，动则打骂。而今，俩人貌合神离，为了孩子凑合着。美玉哀叹说："唉，都是那时不懂事啊，如果好好读书，跟你和小兰一样，我也该有美好前程的，可惜……"

说到小兰，美玉两眼放光地说："你还没见过她吧？前些日子，她也来我们打工的城市了，却是作为工程师身份来的。说实话，她美得你一定更不敢相认了！"

约见小兰。正如美玉所说，小兰有了翻天覆地的变化。不仅是外貌的脱俗，还有举手投足的娴雅，都让我眼前一亮。也许岁月对人的馈赠是公平的：青春时，你投入得多，年头到了，你便收获丰硕。

三人叙谈许久，看看仿若生活在两个世界里的美玉和小兰，我感慨良多：原来，人生如玉，只要你用奋斗苦心打磨，迟早会收获熠熠生辉的未来。反之，笼罩在青春的虚荣里不能自拔，却常常会错失人生永恒的灿烂。

和陌生人说话

电视剧《不要和陌生人说话》，让不少人心生忌惮，宁肯退避三舍，也不肯和陌生人搭讪。其实，生活里，不是所有陌生人都可怕。尝试和陌生人说话，许多美丽就此诞生。

还是孩子幼小时，一次外出乘车。到一停靠点，想方便，怀里小孩却没人照管。彼时，孩子尚且站立不稳，如何托付？环顾四周，都是陌生人。无奈之际，鼓足勇气，向近旁座位上一慈眉善目的大嫂求助。她当即声音脆亮、十分爽快地答应了说："没问题，妹子，保证给你看好！"说着热情地搂抱而去。孩子在她怀里哭闹、踢蹬，她忙着拿出兜里的零食哄逗，还笑着说："正好，去看我妹妹的娃，买的东西派上用场了，去吧，放心！"看我犹豫，她催促说。我心急火燎地赶回车上时，孩子已经在她怀里甜甜憨笑，正津津有味地吃着零食呢。从陌生大嫂手中接过孩子的那一刻，心中自是感激万分，温暖无比。

独自去海螺沟旅游，照相成了难事。眼看绝佳风景就要一闪而过，满腹遗憾顿生。周围皆是陌生游客，都是行色匆匆。正在困惑苦闷之际，一个青春靓丽的女孩朝我笑眯眯走来，将手中的相机递给我说："大姐，麻烦帮忙照一照，好吗？"

那是一部高档相机，端在手里挺沉，但我知道那更是一份沉甸甸的信

任。我特地向她请教一些照相知识，并和她耐心商议了取景方略，策划如何达到最佳效果。俩人在那片清凉的原始森林边沿，亲热地切磋起照相技术。我方知她是行家里手。一番交流，我学习了诸多照相的小窍门。我按照她的"指示"，替她照了一张又一张。她呢，投桃报李，也替我照了许多照片。我喜滋滋地听从指挥，不停变换着姿势，和湛蓝如洗的高原蓝天合影，和明澈如镜的海子留念，与那朵朵在微风里蓝得欲滴的高原野花亲近，还与那高耸云天的巨大林木拥抱……美丽瞬间，都被她耐心摄取。旅行结束，那些照片，成为我最珍贵的人生回忆，每每翻阅，便回味无穷。

那是年关将近之际，在城市的街头猛然瞥见一个老人：背着硕大的背篓，腰身伛偻如弓，几近着地；手中提着一杆小秤，秤盘里摆放着两把小芹菜和一株花菜。看她东张西望，焦急而落寞的眼神，赶紧叫住了她。老人知道我想照顾生意，喜不自禁，一迭连声地道谢，哽咽着说自己刚才好不容易卖了五十元，却被一个男人以买菜之名骗走，给她一张五十的假钞。她说自己远在郊区，本来指望卖完菜置办些年货，可落空了，现在油盐都买不回。

听她哀哀切切地陈述，我心里酸楚至极。强忍泪水，接过她手中的蔬菜，也没听清价值几元，只忙着塞过十五元零钞，让她赶车回家，另将钱包里仅有的一张百元钞票塞给她。老人惊诧地接过，怀疑地瞪着我。看我肯定温和的眼神，于是哽咽着说："谢谢你，姑娘，菩萨保佑你多子多福，儿孙满堂啊！"

我几乎逃跑一般迅疾离去，身后传来老人依然哽咽的道谢声。泪却止不住地哗哗洒落。我庆幸自己与陌生老人萍水相逢。但愿那微薄的温暖，可以赠予她一个美好的年关佳节。

与陌生人说话，只要带着真诚，心怀善心，就会收获关爱，赢取信任，还可赠人玫瑰，播撒芳香。与陌生人说话，这个世界会因此愈加温暖，愈加美好。

为他人开一朵花

这个世界，所有生命相依，便不孤独。所有生命相惜，便会幸福。

同事是个大大咧咧、不修边幅的男人。他可以将腿搁到办公桌上，在办公室里指手画脚，大喊大叫，吞云吐雾。那次学情调查，学生们委婉地转呈意见，说："亲爱的老师，你讲课好精彩！同学们说，听你讲课，是人生最大的享受。可是，如果你上课的时候，也打扮得像你约会时那么漂亮，如果你在教室里不吸烟，不斥骂，不瞪眼，你就是我们心中永远的偶像，永远的精神领袖，永远最可爱的人！"看过学生们幽默而温馨的意见，他开始着力改造自己，打扮自己：西装革履，风度翩翩，口气清新，笑容满面。他为学生改变了自己，也为自己快速地找到了幸福：一个温婉可人的姑娘走进了他的生活，开启了他童话般的甜蜜婚姻。

朋友结婚前是个夜猫子。他可以在夜场的灯红酒绿中迷醉至晨曦初露，他可以在酒吧的划拳猜令声里消磨周末的所有时光。可自从走进婚姻，他常常为妻子枯坐窗前、默默等待的身影，为妻子恨铁不成钢、伤感痛心的眼泪，感到惶惑、愧疚、心疼。他决定改变，从此刻开始。他拒绝了朋友死缠硬磨的邀约，拒绝了同事无聊聚会的呼唤，守在家中，守在妻子身旁。为了弥补对她的亏欠，他特地买了曾经想读而未能阅读的书籍，和妻子一起沉浸在书海中。读着书，思考着，他重拾遗落的兴趣，写作投稿。不久，

便小有名气，约稿不断。多了稿费补贴，日子愈加滋润，妻子也倾情相依，生活风和日暖，一派春光融融。

她去外地寻觅失踪的儿子，久无音讯，心灰意冷。在那座城市拥挤的候车室里，她看到一个白发苍苍的老人，正艰难地拖着脏污硕大的蛇皮口袋，一步步朝出站口走去。她知道那是拾荒的老者。那佝偻的脊背，那消瘦的身影，那皱纹密布的脸颊，让她动容，让她揪心。不由想到自己孑然一身，丈夫离去，儿子出走，定然老景颓唐，兴许还不及老人的光阴。于是，她思忖片刻，上前，替老人背起袋子，将她送过了街口，送上了三轮车。再转回候车室，列车已经远去。想起日日寻觅儿子的辛酸，她不禁悲从中来，号啕大哭。她凄凉的哭声引来了围观的人群。一番询问，她拿出了儿子的照片。其间，一个大姐欣喜地告诉她，孩子就在前面的桥洞下，她还曾给他送过吃的。她疯了般去寻，果然，母子团聚，抱头痛哭。从此，她的生活柳暗花明，春暖花开。

为学生改变，他成就了自己的美丽姻缘；为安抚妻子，他重拾爱好并修炼了美好人生；给陌生老人帮扶，却与失散的孩子不期而遇。生命本身就是奇迹。只要我们肯为他人开一朵花，那芳香不仅熏染别人的生活，也会扮靓我们的人生。

生活的支柱

他是小城所有擦鞋工中最特殊的一个。

特殊的不是他精湛的擦鞋技术，而是他残疾的身体：双腿高位截肢。他坐在特制的滑板车上，身下绑着黑黑的橡皮胎，用双手撑着地走路。看到他，我每每想起鲁迅笔下那个坐在蒲团上的可怜孔乙己，然而他没有孔乙己的凄惨相。他的脸上永远挂着温和而坦然的笑容，淡淡的，像春日阳光，照耀着每一个前去擦鞋的人。

不管吹风下雨，那张笑脸总是按时绽放在小巷口。每天清晨，他清脆的滑轮声如钟点，准时在静寂的街道响起。那声音悦耳而铿锵，像他坚定的生活足音。

常常走向他的擦鞋摊，常常将脏鞋伸到他的面前。不，应是他的胸前。他屈"坐"于地。被擦的鞋子几乎伸到了他的下巴下面。每双鞋子都免不了有浓浓的臭味，还有厚厚脏脏的灰尘。可他的笑容依旧那么清爽干净，不带丝毫厌恶和疲惫。他动作麻利，粗大的双手三两下就将灰蒙蒙的鞋子收拾得光洁漂亮。

每次看到他艰难地"坐"着，那矮小而残缺的身体，心里总有一种隐隐的怜悯，想帮他点什么，又不知如何表达。有两次故意留下十元钱，声称不找零了，还装成慌慌忙忙赶路的样子，急急匆匆地逃离。没想，第二

次去擦鞋，他却清楚地找补给我，还说，我妈说了不该自己的钱坚决不能要。听着他几乎幼稚的表白，自此知道他有一个母亲，一个教他正直活着的母亲。那时，看着他坦然而坚定的眼神，我甚至觉得那是对他的亵渎，以后没再做出那等傻事。

那是一个小雪飘飘的傍晚，风啸雪飞，天气很冷。他孤独地等待着顾客，不停地搓着手。迟疑片刻，走过去，虽然我的鞋并不脏。边等候擦鞋边小心翼翼和他聊身世，虽然一直都想询问，却怕勾起他的伤痛。

原来，他很小就残疾了，是母亲孤身一人将他拉扯大。曾经，他也轻生过。把他从死亡线上拉回来，母亲就哭着对他说，你只要前脚一走，妈后脚就到。从此，他再也不敢轻生。他说，自己死了没关系，可母亲还没过上一天好日子呢。为了母亲，他得好好地活着。于是慢慢学了这门手艺。母亲看到他快乐地活着，人就精神了许多。其实，民政局给了他不少扶助，他本可以不工作。可母亲说高兴看到他有事可做，看到他乐于跟人交流，于是他便选择了坚守。

半年前，母亲摔断了腿，躺下了。白天，他让邻居帮忙照料母亲，夜里就自己偎着老母亲，将擦鞋的见闻讲给她听。那是他一天中最快乐的时光。他说，看着母亲张着没牙的嘴呵呵笑着，一切的烦恼都烟消云散了。

那个傍晚，我步行回家，脑中总迭现着他艰难"行走"的矮小身影和母子俩相依夜谈的生动画面，胸中有股暖流在涌动，我知道那是感动。

我想起了轮椅作家史铁生，想起了他被母爱感化驰骋在地坛公园里的场景，想起了他和擦鞋工一样动情的诉说：为了母亲，为了母亲的希冀而顽强地活着！是啊，有了爱，有了爱做生活的支柱，还有什么样的生命不能顽强地站立呢？

风已来过花知道

儿时，因为父母的勤劳，家境还算殷实，而邻居家，总是早早地开始借粮，聊以打发岁月。每年青黄不接之际，便是邻居拿着撮箕来我家端粮食的时候。每每，我看到母亲总是往他的撮箕里使劲装，满满地紧紧地，如在打夯，如在筑墙。那般坚实，生怕亏欠了他。而第二年，归还粮食的时候，母亲总说家里陈粮还多，让他再等等。有时，一等，母亲就忘记了，邻居仿佛也健忘。

有一次，邻居也许是良心发现，终于提起还粮的事情。母亲说："你已经还过了。你忘记了吧，那次我正在剁猪草，你来还的。"邻居彼时家境窘迫，孩子多，几张嘴巴如几个无底洞，他于是嗫嚅着离开了。

后来问母亲，她笑着说："反正我们家不差那点儿粮食，就算送给他们吧！"我嘟囔着说："你那么说，他还真以为还了呢，一句谢谢也没有！"母亲微笑着说："你看那些果树花，是自然界的风儿在帮忙授粉，要不然，它们就结不了果了。可是，你听到哪朵花对风儿说过谢谢呀？风儿不也一年四季，照样忙碌地义务授粉吗？"

我的心里涌起一阵暖流。我的农民母亲，竟然有那么诗意的想法，那么朴实的情怀。是呀，风已来过，花知道，赠人玫瑰，手留余香。只要自己心里高兴，何必在意那句感谢呢？

那次山洪暴发，我家屋后的墙壁被山洪撕咬了一个缺口。父亲外出，缺少人手补墙。是邻居，带着一家老小，心急火燎地拿着锄头，背着背篓，挑着粪桶赶来。他们背的背，挑的挑，很快疏通了阻塞的后墙水沟，让山洪排泄而去，保住了我家岌岌可危的后墙。天晴了，他又忙着和父亲一起帮忙砌墙，糊墙壁，忙得满头大汗，气喘吁吁，却饭也不肯吃上一口，仿若那就是自家的事，他责无旁贷。

每年农历四五月，青青的胡豆角开始饱满，羞羞答答地隐藏在茂盛的叶片丛里，这时，便需要将多余的叶子剔除，让胡豆接受更多的阳光雨露，接收更多的营养，才能长得丰满壮实。

每每那时，母亲一定会请她到家里帮忙剔除胡豆叶子。她是村里一个年近古稀的老太太。我至今记得她满脸皱纹密布，脸如一张老松树皮。佝偻的腰身，像一张永远也无法拉直的弓。瘦削的身子，像一截枯树枝，仿佛随时可能被一阵风卷走。只有那脸上慈祥的笑容，还依稀看出她的一丝活气。我之所以喜欢她来，是因为可以沾光，吃上几顿好吃的，那是农村孩子过年才能吃上的猪肉和包子，还有油汪汪的荷包蛋。

剔胡豆叶子，是农活儿中最轻省的了。老人总是干得很快活，一直挂着笑容。和她一起劳动，她便给我讲许多稀奇古怪的故事，让我至今念念不忘。每当看我笑了，她的笑容就拥挤成团，灿烂成百褶菊。吃饭时，我爱偷偷地瞟她。母亲每每让我端给她最多、最好的饭食，余下，才是我们的。她像灾民一般狼吞虎咽。为了不让我们看到她的窘相，母亲总是让她藏在灶屋吃，吃了再给她盛上。

不几年，那老人就去世了。病重时，她竟然叫去了母亲，颤巍巍地塞给她两双鞋垫。那是老人一针一线刺绣的。年轻时，她是村里著名的巧手，随着年岁增长，眼睛不好，就停下了刺绣的活计。没想到，却悄悄给母亲留下那么精美的两双鞋垫。

送别老人时，母亲哭得肝肠寸断。那时，我已经长大。她对我说："知道我为什么每年都让她来帮忙剔胡豆叶子吗？因为那时青黄不接，她家里

穷，一年四季很少见油荤。儿子儿媳又可恶，她过得苦啊。我想帮她，又怕她儿媳说我，就想出那么个法子，让她能够吃几顿好的。孩子，记得妈说的话，这个世界上，只要你肯行善，人家肯定会记得你的好。就是不记得也没有关系，哪怕像那授粉的风儿，看到花儿结果了，那也是高兴的事情啊！"

善良如风，传播希望，催孕美好，那丰硕的果实就是花朵的汲取。风已来过，花知道！

母爱没有面纱

母亲带着面纱，是为了遮盖丑陋的容颜。

母亲原来是很美丽的，是那一带出了名的美人。父亲费了不少周折才追到母亲。结婚后，俩人双双到城里打工。父亲就在那时有了花心，两人便一次又一次地争吵和打闹。那一次，一场激烈的争吵后，父亲狠心将一瓶硫酸泼向了母亲。母亲被烧得面目全非，父亲却逃之夭夭。从此，母亲便只得戴着面纱，领着八岁的儿子重又回到深山老家，把自己严实地隐藏了起来。

开始，除了送儿子到偏远的村小去读书，母亲很少出门。她把自己牢牢地关在屋子里，怕乡邻耻笑，怕人们看到她恐怖的脸。儿子上学去了，母亲有时也偷偷地拿出镜子照一照，照着照着，就号啕大哭：镜中的自己真的不忍目睹。母亲便伤心地摔了镜子，摔了又忙哭着去捡满地的碎片，她怕儿子回家看到痕迹。现在，儿子是她唯一活着的希望。再苦再难，她也要为儿子活下去。儿子很争气，成绩一直名列前茅，成为她最大的欣慰和骄傲。

那天，她正在家为儿子做饭，有人慌张地跑来对她说："快去，你儿子晕倒在学校了。"她戴上面纱，在山路上疯跑。一路跌跌撞撞，泪水像山洪一样泛滥。跑到学校，儿子已经苏醒了。她搂着儿子哭得声嘶力竭。回到家，她变着法子给儿子补充营养，可家里太穷了，实在拿不出多少好吃的。于是，从那以后，她戴着面纱开始了辛勤的劳作。种庄稼，种蔬菜，采蘑菇，采野菜，都是儿子爱吃的。儿子在她的调养下，变得精神了许多。可是不久又晕倒了两次。老师说："你儿子怕是有什么病，领他去城里看看吧。"

她不想去城里，怕人们的目光，可是为了儿子，她咬咬牙，戴上面纱，拿着仅有的一点儿钱领着儿子去了。医生说，儿子患了罕见的先天性贫血，治疗需要几十万，不治疗，或许活不了多久。听了医生的话，她傻了，傻了片刻就紧紧搂着儿子哭得地动山摇。

听到她凄厉的哭声，周围的人们都关切地上前询问。一个好心的中年男人听了她的遭遇，对她说："我可以帮你策划一场募捐，但是你要亲自上台把你的情况和遭遇给大家说一下，你能做到吗？""能，能。只要能筹钱救我儿子，我干什么都可以，"母亲咚的一下跪在了男人面前，哭着说，"谢谢您，谢谢您！"

那天，男人将母亲和儿子带到了夜晚小城最热闹的广场上。那里亮如白昼，人如潮涌。母亲在主持人的介绍下拉着儿子上了台。聚光灯清晰地照着她黑色的面纱。

母亲在人们的目光里，开始了自己悲苦人生的诉说。其实，男人事先也没让母亲解下面纱。可那一刻，母亲眼含热泪，竟然当着黑压压的人群说："按家乡的规矩，我们娘儿俩该给各位恩人磕头的。戴着面纱不礼貌，我应该解下来，希望大家理解我。"母亲缓缓地解下了面纱。

那一刻，人群发出了一阵嘘声，有惊叫，有叹息，有同情。母亲就在明亮的灯光里拉着儿子齐刷刷跪在了舞台上。主持人赶紧拉起他们。人群爆发出整齐的掌声。那掌声充满了热情，满含着激动。那是对母爱最好的赞歌。

接下来，人群如潮一般涌到台前，捐款的高潮一浪高过一浪。

儿子获得了一大笔救助款。医院听说了母亲的故事，也给了儿子部分减免。儿子终于有了治愈的希望。而今，母亲依旧戴着面纱在为儿子奔忙着，她相信儿子能够治好。

母亲戴着面纱，是为了遮盖人生的痛苦，可是母爱没有面纱，它从来都是真诚的、美好的，敢于直面人世的一切风雨。

美丽的路过

此生,你会路过许多生命,在他们的旅程里匆匆掠过,如孤鸿,如帆影。

去湖南旅行。一行人在伟人故居外的乡村公路转角处,听闻一阵细弱的哀叫。仔细探看,竟是一只柔弱的猫咪,如拳头般大小,正可怜兮兮地躺卧在垃圾堆旁。正值酷暑,骄阳下,猫咪大约又渴又饿,奄奄一息。不由蹲身下去,将未曾饮用的一罐酸奶倾倒出来,置于一只破碎小碗,让小猫舔舐。又去近前的荷塘摘了几片荷叶,编织成凉棚,让小猫躲避其间。同行催促下,走出老远,回望碧绿荷叶隐藏下的瘦弱生命,听着微弱的叫声,心中依然隐隐作痛。天高路远,我只是它生命中的匆匆过客。如此路过,只是希望它能安好,能幸福。

在长途汽车站候车。百无聊赖,买了书报阅读,又买了饮料啜饮。一个头发苍白的老人忽然行至面前,眼巴巴瞧着我手中的饮料瓶。仔细一看,她提着硕大的蛇皮口袋,里面鼓囊囊装满垃圾,原来她渴盼着我手中的饮料瓶。看她期望的眼神,还有半罐饮料,便一口气咕噜噜吞咽下去,将那瓶子递给她。她回赠一抹沧桑而温暖的笑容。遂又将一路随身携带的废旧书报,一股脑儿清点出来,全部塞进了她的口袋。她依然静默无言,只看着我乐呵呵感激地笑。我甚至恨不得让自己也化作一袋可以变卖的垃圾,全部施舍与她,只为了换取她恬然满足的笑容。此生,在老人生命的某个驿站,但愿我的路过,留给她的是美好的回忆。

寒冬深夜的街头。见一男子栽倒车旁，酒气熏天，呼呼昏睡。毫不犹豫拨打110。怕警察寻找不及，怕男子被忽视，一遍遍催促，直到警车风驰电掣呼啸而至。眼见肥硕的男子，被俩警察搀扶着，心头的石块方才落地。明晨醒来，男子又生龙活虎地驰骋在生活的轨道上，他定然不会知道，曾经有个女人，在深夜的街头，在寒风里瑟缩着，为他守候一场及时的救助。可那有什么关系呢？只要我的路过，留给他的是福祉，是快乐，已经足够。

在一古镇游玩，邂逅一古稀老人：苍颜白发，佝偻腰身，密布的皱纹。他的身旁是静静安放的草编娃娃：巴掌大小，宽边帽，大眼睛，大摆裙，浅笑吟吟，灵秀可爱。心头悦然，俯身赏玩，挑拣两个，意欲带走。老人声音沧桑，含着岁月的重负：五元一个。"这要多少时间才能编成一个？"我惊诧价格的低廉。老人缓缓地说："半天就够了。我老了，只为卖几个油盐钱。"我感动于老人的厚道，对生活廉价的要求，于是扔下五十元，尴尬地说："不找了。"任由老人着急呼叫，我带着感动，沿青石板古街狂奔而去。希望我的路过，给老人的是理解，是慰藉。

儿子幼时，和他一起爬山。遇见一株被人拦腰折断的小树，露出白森森伤口，只剩下树皮依稀连接，仿佛听到小树的哭泣和哀吟。我对儿子说："我们一起帮忙把它绑好吧。"于是找来枯草，搓成草绳，将小树的枝干扶直，再辅助几根枯枝，细细地绑缚，让它挺拔如初。春暖花开之际，和儿子再去看望，竟然发现它笑对春风，已经复活新生。一次生命的路过，对一株植物竟是重生的机遇，何乐而不为呢？

阳台的花盆里，不知何时停歇一只幼雏，扑棱棱展翅，哀戚戚鸣叫。遂和儿子一起找来碎米，盛在小碗里，还有清水点点。夜凉，怕它冻着，做了个软绵绵的旧棉絮小窝。一夜牵挂。第二日清晨，鸟影无踪，但米粒依稀少了，清水似被饮用。眺望蓝天，仿佛看到鸟影悠然。对于那只小鸟，我和儿子的路过，是它重翔蓝天的机缘，足以快慰。

生命如风，翩然路过，给别的生命捎去花香，给贫瘠的土地捎去种子，给绽放的花朵捎去情缘，给劳作的农人捎去清凉……尽管匆匆，路过，总是美丽的！

趁还来得及

朋友聚会，气氛热烈，谈天说地，觥筹交错。只有新，接完一个电话，便停杯投箸，黯然神伤，眼里似有莹莹泪光。

新自觉失态，声音颤抖地说："对不起，我岳父去世了，就在刚才。"寂然无声，包间的气氛霎时凝重如墨。他说："对不起，我得先走了。"顿了顿，又说，"其实，我愧对老岳父。他待我如亲生儿子。在我人生最灰暗的时候，是他老人家开导，引领，帮扶，让我走出困顿和低迷，重新打拼事业。而今，只想着奋斗一番，能够衣锦还乡了，再去孝敬。没想到，还没来得及尽我的孝心，还没来得及让他跟我享半点清福……"新哽咽难言，拱手退身而去，眼里泪光闪烁。

望着新离去的方向，大家陡然失去了进餐的兴趣，草草囫囵一番，进了一间茶楼。坐定，方才发现先前压抑、凝重的气氛依然。

远平素是个张飞似的大嗓门，此时，轻呷一口茶，低低地说："听了新的那些话，心里真轻松不了。在生意场上打拼这些年，一直不好意思给大家絮叨。我父亲送我读书苦啊，靠在大山里砸石子，一粒粒汗，一滴滴血，含辛茹苦给我凑的学费钱。他披星戴月，风餐露宿，饥一顿，饱一顿，住在四壁透风的窝棚里，忙得头发胡子都顾不上打理。每年大雪封山，他从山里回来时，活生生就像一个野人，我们几乎不敢相认。就是那般苦，还是让我们兄弟几个都读书长了学问。我们商量，等打拼得差不多了，在城里买了新房，就将老父亲接来享福。可是，我的老父亲，晚年得了胃癌，他硬撑着，死活不肯告诉我们。就那样，还没来得及尽一点点孝心，还没来得及让他享一天的清福，他就走了，唉……"

姝擦擦眼角，慢慢放下茶杯说："其实，人生有多少遗憾，如果都能够弥补，该有多好。我妈妈一直对我说，你工作忙，我一个人挺好的，有鸡鸭猪狗陪着，院子里热热闹闹的，像赶集一样。我妈妈还喜欢在电话里让我听听那些满是泥土味道的声音，听听她和那些猫猫狗狗唠嗑的声音。我那时就下定了决心，要接妈妈离开那个孤独的小院，让她跟着我享享清福。可是，我妈妈说，你那房子住着挤，我就不来凑热闹了，等你买了大房子，我一定来。我就拼命地努力，拼命地挣钱。因为忙碌，很久没跟她打电话。等接到电话，哥哥告诉我，母亲已经不行了。在母亲床头端汤递水的日子，我就一直在自责，在后悔。可是，还没来得及看看我的大房子，还没来得及看看我崭新的家，还没来得及走进城市享一天的幸福，母亲就走了……"

"我的母亲一直想去北京看看天安门。她总说，儿啊，等你日子好过了，等妈攒了闲钱了，趁我走得动，你就带我去看看天安门吧。妈这一辈子哪儿也不想去，就想去看看毛主席住过的天安门。在我母亲那辈人的意识里，毛主席就住在天安门。我说，等我忙过这阵子，等我做完这单生意，等我处理完手头的事情，等我——可是，母亲等不及了。她是突发脑溢血猝然离世的。还来不及看看她梦寐以求的天安门，还来不及享受儿子带她去旅游的幸福，还来不及接受我的点滴孝敬，母亲带着遗憾就突然走了……"平声音哽咽着说。

"我爸爸要的烟斗，还没来得及买，他就走了。而今，只得将烟斗长年累月地供奉在他的灵位前。祭奠一次，目睹一回，我的心就揪痛一场。多么希望天堂的父亲可以享用那个烟斗，那是他最喜欢的雕花烟斗……"勇是个豪爽的男人，却在此时的叙说里，像极了忧郁王子。

气氛越发地压抑，不知是谁说了一句："不说了，健在的老人也许正等着我们回去呢，趁还来得及，赶紧走吧！"

是呀，行孝要趁早，趁还来得及！

爱最出彩

　　他是二十世纪八十年代风靡全国的黑豹乐队主唱。正当事业如日中天之际，唯一的爱子患了感统失调疾病，当时智商测试为零。作为一个风光无限的歌手，作为一个前程似锦的音乐人，他有很多理由继续闪耀自己的光华，继续在流行乐坛称王称霸，可他没有忘记另外一个重要身份，那就是一个智商为零孩子的父亲。在众人无比沉重的叹息声里，在队友无比遗憾的目送之下，他毅然决然地丢掉了乐队主唱，回家专心做起了全职爸爸。

　　他给儿子起名大珍珠，那份深爱，天日可鉴。可是一颗智商为零的"珍珠"，如果不磨砺，只能埋没在同龄人的光环中，成为被人歧视的白痴。想到儿子可能遭际的不幸，他心如刀割，泪如雨下。他含泪带着儿子四处求医问药，遍寻民间偏方，用自己所有的时光，所有的深情，遵循医嘱，陪伴儿子治疗学习，给予启蒙引导。儿子点点滴滴的进步，细细微微的成长，他都激动难抑，泪落成雨。

　　终于，儿子开始说话了，开始欢笑了，开始听得到鸟鸣虫唱，开始嗅得到花儿的芬芳、空气的清香了，开始和他一起唱歌，一起写歌，一起跋山涉水，一起追逐梦想了。

　　他用一个父亲十三年的时光，守护一个梦想，坚守一份责任，守得云开雾散，守得春暖花香。十三年，他将自己最黄金的歌唱华年丢弃，将一个父亲沉甸甸的责任担负；十三年，他暗淡了自己生命的所有光彩，却用一份深沉的父爱点亮儿子生命的光芒。父亲的"大珍珠"真的熠熠闪烁了，而那光彩是父亲用梦想和事业的代价换来的。

而今，站在《出彩中国人》的舞台上，与其说他以沧桑浑厚的嗓音打动了评委，不如说他以深沉的父爱赢得了最大的光彩。现场评委，同样身为父亲的李连杰、周立波泪流满面。周立波哽咽着说，他将累赘变成幸福，将苦难变成快乐，这是一份无与伦比的伟大父爱！

他就是进入年度总决赛五强的秦勇。一个出彩中国人，演绎了一份感天动地的出彩父爱！

中国的二十世纪八十年代，正值改革开放浪潮席卷，经济浪潮汹涌之际，人们纷纷搏击商海，想赚取更多财富，成为决胜商海的弄潮儿。他却将已经积淀不多的财富，投入自己痴迷不已的一项寂寞事业之中。那就是制作中国快要失传的古琴——中阮，梦想将中国古老的传统乐器推出国门，推向世界，让中国高贵优雅的传统民乐走向世界，让古老的乐器发出二十一世纪的声音。

亲戚认为他大脑短路，朋友认为他不可思议，只有朴实的妻子默默地支持着他走一条别人看似绝境的路。三十年时光，他从腰肢挺拔的青年走到了背脊佝偻的暮年。多少夜以继日的斟酌和构想，多少焚膏继晷的打磨和制作，多少含辛茹苦的重复和坚守，多少寂寞难耐的煎熬与折腾。而今，借助《出彩中国人》的舞台，他终于让民族乐器的精华——中阮，重新展露光彩，发出了让世界惊叹的美妙音韵。

而今，在《出彩中国人》的舞台上，他一袭长衫，风度翩翩，怀抱自己亲手制作的古琴中阮，声音苍凉地弹唱《乡愁四韵》。演奏成功，他喜极而泣。那高山流水的美妙琴音，那如痴如醉的演奏情态，那晶莹剔透的满眼泪光，无不让现场观众动容，无不折射出他对祖国文化的坚守和热爱。现场有人甚至感动得热泪潸然。

评委李连杰几度哽咽难言。他说："八十年代，别人都为财富拼命奋斗，

你却独自为了祖国民乐的发扬光大而默默坚守。这份大爱，感人肺腑。每个国人都有你这样的担当，中国梦的实现将指日可待！"

他就是《出彩中国人》的年度总冠军，中阮琴痴冯满天。当他终于梦想成真，他说："要让中国民乐快速走向世界，让世界听到中国最美的古琴之音！"

人生也许平凡，也许普通，但只要坚守一份爱，或者是对亲人的拳拳疼爱，或者是对祖国文化的痴情大爱，都可以让生命华彩闪耀，熠熠生辉！

只要跳舞

俱乐部里，她是舞技最高的。培训老师都说，别看她年纪不小了，悟性却不错。有时，面对舞蹈老师赤裸裸的表扬，她羞涩地笑了，说："我跳得不好，只是喜欢！"

进入这个舞蹈俱乐部的，都是业余爱好，仅仅因为喜欢，她却比任何人都痴迷，都刻苦。大家在休息的时候，她还在一旁琢磨领悟；大家在加餐的时候，她还在压腿下腰；大家在长吁短叹，感叹技艺难度超大时，她却在角落里默默地一遍遍重复，一遍遍模仿。

有时，大家要离去了，她却恳请俱乐部晚点关门，恳请再延长片刻时间。对着宽大明亮的镜子，她独自舞蹈，独自矫正，独自完善。这是俱乐部老板后来给我们讲述的。

在俱乐部里，她是穿着最朴素的，仿佛永远是两条长裙，一条玫瑰红，一条湖水蓝。夏天单穿，秋冬套着黑色或白色罩衫，得体，优雅，高贵，就如她沧桑却清澈的眸子，疲惫但快乐的笑脸。

萍水相逢，谁也不知道谁的经历和故事，但她的刻苦和执着，却是大家感兴趣的话题。曾经好奇地询问，她只嫣然一笑说："不为什么，只是喜欢跳舞。生命短暂而美丽，趁着好时光，不应该好好跳舞吗？"说完笑了，笑声清脆如山泉叮咚，有着她那个年龄稀缺的甜美和灿烂。

愈发对她的身世好奇。看穿着，仿佛她家境并不富裕，甚至清寒；看气质，又仿佛富家太太，华贵典雅。每每问及她的家庭，她就哈哈地乐，说自己有个宝贝儿子，特别喜欢看她跳舞。这也成为她力争跳得最美最好的动力。

日子缓缓流淌。舞蹈俱乐部里，每个夜晚因为有她，我们总有许多快乐。她不仅跳舞很好，歌声也清亮如百灵。有时，她边唱边舞，如一只骄傲的孔雀，将生活的美丽和丰富，将时光的韵律和精彩，都演绎得淋漓尽致。我们陶醉在她的舞蹈和歌声里，便怂恿她去参加小城的业余歌手大赛。她哈哈乐了说："我一直在准备呢，既要参加歌唱比赛，也要参加舞蹈大赛。"

我们闻言，几乎有些嫉妒了，生活仿佛被她编排成一支舞，正灵动成韵，活色生香呢。这样的女人，她背后的日子该有多么幸福。也许，有无数甜蜜的生活细节组成了她诗意的人生。

俱乐部训练结束的时候，她歌唱得奖的消息传来。探寻她，我兴味盎然。

一个周末，我冒昧地走进了她的家庭。

步入那个寒酸简陋，如贫民窟的小区，我的心就咯噔下落。当迈进她空无一物的小家时，我更是惊骇无语。家中，一个歪着脖子，流着涎水的男孩正蜷缩在轮椅里，软塌塌的如一个布娃娃。

她敛了笑，对我说："我的儿子，进行性肌营养不良症，最后会四肢萎缩，器官衰竭而死，无法医治。医生说活不了多久了，可他喜欢看我跳舞。不信，你看。"说着，她在灰扑扑的窄小简陋的客厅里拉开了步子，嘴里哼着节拍，旋转，腾跃，抖肩，扭胯，下腰。每个动作极尽优雅，漂亮至极。儿子拼命咧开歪斜的嘴巴，哼哼地叫好，脸上洋溢着惬意舒心的笑容。

"我对儿子说了，妈妈去参加舞蹈大赛，参加歌唱大赛，你要好好活着，看妈妈的表演。我给他录制了我跳舞的碟子，每晚，我在俱乐部学习的时候，他关在家里，安静地播放，安静地欣赏。每每回家，看到儿子扭曲的不美丽但幸福满足的笑容，我所有的疲累和痛苦，都烟消云散了。妹子，也许你奇怪我怎么活得这样高兴？像没心没肺吧？"她问我。

　　我眼含热泪，拼命摇头。那些天，我正为工作的琐事焦头烂额。在她面前，我无地自容。

　　她将我带进她小小的厨房。那里摆放着做豆腐的一切设备，挨挨挤挤，密密匝匝。每天深夜，她就在那里辛苦劳作，然后在晨光里卖完豆腐，所得微薄收入，维系和儿子的简单生活。

　　她说："妹子，我已经很感恩了，老天让我会唱歌，会跳舞。因为这些，再艰难的生活都可以化解，只要跳舞，我就忘掉了一切不快，感激生活的赐予，况且，还能借此给儿子带来快乐和慰藉。只要跳舞，我就很满足了！"

　　走出她的家，我的泪水潸然而下，不为哀伤，为感动，深深地！

　　只要心灵有一方宽敞明亮的舞台，生命就可以绚烂舞蹈，翩跹如蝶，轻灵如诗，哪怕日子风狂雨骤，哪怕岁月坎坷不平。这是她朴素人生演绎的深刻哲理。

总得有所敬畏

新收的稻米芳香四溢，做出的饭食格外糯软，食之满口生津，令人回味无穷。弟媳特地从乡下打来电话，让母亲做新米饭时，一定记得敬天。

我听着哑然失笑，想起自己每年都从超市买回新米，做粥，蒸饭，吃得津津有味，却从未想到要敬天，便对母亲说那只是封建迷信。母亲严肃地说："不能那么说，老天爷是一定要敬的。你想啊，没有老天爷开恩，怎么风调雨顺？怎么五谷丰登？你又怎么吃得上这样香喷喷的大米？"

听完母亲的话，我沉默了。是呀，苍天护佑大地，大地养育众生。总得有所敬畏，不仅是对高高在上的苍天，还有自然界的万事万物。因为自然和人唇齿相依，休戚相关。人类丰衣足食，幸福安康，都是自然的赐予。

记得儿时的故事。

一次，村里德高望重的张大爷从村口经过，看到几个男孩正在爬树掏鸟窝，他招手让他们下来，从兜里掏出几颗水果糖，笑眯眯地递过，然后收敛笑容，语重心长地说："知道你们做的事情有多坏吗？"男孩们摇摇头。

他表情凝重地说："如果你们被人家这样欺负，你妈妈会心疼吗？会伤心吗？你们听听，那些大鸟叫得多么凄惨。鸟类有一种神奇的法术，会对伤害它们的人类施展，不相信吗，你们中间如果有人曾经弄死过幼鸟，有一天，你们轻则手要得颤抖症，重则……"张大爷表情庄严，像牧师在

进行一场灵魂洗礼。

其时，一个男孩兜里还藏着一只叽叽嘶叫的幼雏。而那只大鸟，正可怜巴巴地在空中盘旋，哀嚎，声声泣血。

等到张大爷离开，那个男孩赶紧将兜里的幼鸟小心翼翼地送回了大鸟的窝里。我们目睹大鸟欢叫着回家了，听到了母子团聚的喜悦和欢快。

从此，村里男孩没有再残忍玩弄小鸟的，反倒，频频有人救助被风刮落的鸟窝，救助受伤的小动物。

还记得村里一个劣迹斑斑的男人，曾经叫嚣着捣毁了一座寺庙里的菩萨像。那是一段特殊的岁月。可村里的老人逢人便说，你们一定相信，他终归会大祸临头。

那男人听了，嘿嘿一乐，不置可否，一副无所谓的表情。可是，背地里，我们却日渐听闻了他的担忧和害怕。果然，没多久，他上山砍柴的时候，从悬崖坠下，活活摔死了。人们争相告之，都说是他惹恼了菩萨，得罪了神灵。

我想，也许正是他内心被延迟点燃的敬畏，让他时刻惶恐，魂不守舍，才失足坠崖的吧。

每每年关佳节，村人中的晚辈们要到祖先坟地里烧纸、焚香，在灵位前上供、敬奉，还得恭恭敬敬地磕头、作揖、拜祭，请求先人保佑，祈祷家族福寿安康。

爷爷健在时，总这样教诲我们说："要记得供奉先祖，拜祭亡灵，是他们的在天之灵保佑着我们平安幸福，也是他们曾经流血流汗的奋斗，才有了家族现在的延续和发展，要永远心存感恩，心存敬畏，因为举头三尺有神明，先人们在时刻看着你们呢。为了对得起祖先，你们要多做善事，永做好人，把家族的优良传统发扬光大啊！"

从那时起，我便时刻警醒自己：要记得敬畏亡灵，先人在注视着，要做善事，做一个不辱没祖先的人。生活因为有所敬畏，便顺风顺水，吉祥和乐。

　　村里人每每做了好事，人们总说，他一定会长命百岁，因为有神灵在保佑；一旦有人作恶了，人们会说，他一定会短命，因为神灵要惩罚他。正是这种朴实的敬畏思想，让村里民风淳朴，人们相与为善，友好和谐。

　　虽然我们不相信神灵，但总得有所敬畏，这是一种朴素的做人思想，也是一种浅显的处世哲学，它带给人们祥和安宁，快乐满足。

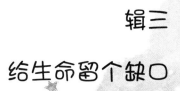

辑三

给生命留个缺口

山路哲学

一

母亲说，因为家里缺少劳力，刚满五岁的我便加入了村里孩子的放牛大军。山腰一小路，是村里人为了上山便捷而开辟的，悬挂于半山，细窄如腰带，蜿蜒如羊肠。大人总切切叮嘱，不许小孩攀爬。那一日，急于归家，我竟懵懵懂懂地将牛牵上了那条道。或许牛天生聪颖，到最陡峭的路口，死活举步不前。我生拉活拽，它却只哞哞叫唤，似在发出警示，又似请求退回。我号哭不止。母亲听闻哭声，丢下手里农活儿，惊慌失措爬上山腰。

眼见牛绳死死拽在我手里，牛却梗着脖子始终不曾前进半步，母亲又急又气，不停训诫说："什么事情都要讲规矩，鸟有鸟道，牛有牛道。这么窄，牛能够走吗？如果今天不是牛比你懂事，说不定，你们俩早就栽到悬崖底下，摔得骨头都找不到了！"

母亲的那一顿棍棒和滞留山路的教训，使我终生铭刻：凡事都有规矩。连牛都明白的事情，许多人却偏偏往自己不该走的道上去拼命，比如为了权力，为了美色，为了财富等，最后"坠崖而亡，尸骨不存"。

二

上山有几条捷径，那是留给大人，或者胆大的人。为了尽快上山捡到柴火，那一日，我和伙伴两人斗胆跋涉那条人迹罕至的逼仄小道。它如一根细细的长绳，歪歪扭扭地挂在悬崖峭壁上。要攀缘，常常得借助山腰丛生的细瘦灌木。为了早点捡到紧缺的柴火，我和伙伴决定铤而走险。

当我们背着背篼和柴刀，手脚并用地攀缘到最陡峭处时，猛然发现仅存的一丛灌木不知被谁砍掉了。形如笔直的陡峭石岩，除非是壁虎，谁也无法顺利攀爬。我俩顿时傻眼。希望落空，还意外被困，上山不得，下山又不甘心。

两人一阵合谋，决定发挥团体作战能力。商量妥当，我蹲下，咬紧牙关，作为人梯，让她踩着我的肩膀攀缘。谁知我肩膀瘦削，她站立不稳，又缺少抓手，加之生性胆小，竟然啪嗒跌落。我俩如面团般滚下山腰，幸好被小树挂住，才捡回两条小命。等大人救下我们，她已经昏迷，还摔断了手臂，我呢，满脸是血。那次事故后，再也不敢走捷径上山。

人生亦如此，不是所有的成功都能凭借终南捷径。如果强力为之，只会身败名裂，甚至锒铛入狱。

三

山路漫长，每每背上一捆沉沉的柴草，总是腰酸背痛，肩膀红肿，疲惫不堪。那一日，经母亲点拨，方知山路两旁遍布着歇气的石台。每当走得疲沓嘴歪之时，将装满柴草的背篼搁置在石台上，长长地喘口气，望望远处绿树青山构成的美丽风景，看看脚下村庄里缕缕升腾的炊烟，心里便少却了疲惫和倦怠。再次疲累时，想到可以在下一个石台歇脚，心中便充满力量和希望。如此，以数个歇气台为行程目标，渐渐便轻松归家了。

人生亦如此，旅途漫长，我们何不给人生划分行程？当数个行程目标达到，人生之旅便也走到终点，收获丰硕，也收获圆满。

给生命留个缺口

刚上小城师范那阵子，特感失落。原以为"吃皇粮"了，从此生活将是风平浪静。然而，事与愿违，从小学到初中，一直是佼佼者的我，走进高手林立的班级，方知天外有天，人外有人。

从曾经的鲜花和掌声中走过，突然进入了一个无人喝彩和注目的荒原，生命像突然失重了，飘飘悠悠，困苦不堪。从被老师娇宠的位置上推了下来，再也没了众人瞩目的光环，仿佛一个过惯了光明生活的人陡然跌进了黑暗。那种恐慌，那份落寞，真是无以言喻。人的天性中想被人认可的虚荣总是搅扰得我日夜不得安宁。

如果说生命是水，那时的我切实感到了它的磅礴浩大，它的澎湃汹涌，像暴虐的山洪冲进湖泊却久久找不到流泻的出口。生命之水在我的生活里冲撞着，跳跃着。我变得浮躁而又不知所措。我寻思着，得为它找到一个流泻的缺口。

一个风和日丽的秋日，我无意发现一个神秘而美丽的乐园——学校图书馆。从此，我如久旱的小苗遇到了甘霖，如饥似渴地拼命吸吮文学的甘露。在高尔基的《人生三部曲》里寻觅，找到了坚强是生命跋涉奋进的阶梯；在雨果的《悲惨世界》中徜徉，明白了人生可以凭借善良所向无敌；在艾米丽·勃朗特的《呼啸山庄》里漫步，感受到宽容才能让生活灿烂美丽。

那些日子，我终于找到了生命之水流泻的缺口，那便是读书和写作。从此，我不再苦闷和徘徊，生活日暖花香，明媚灿烂。奔突流泻后的生命之水出现了少有的宁静和天然。

在风平浪静的日子里，我读懂了生命的美丽，读懂了文学的奥妙，读出了对缪斯的一往情深。于是，自然而然地信笔吐纳，讴歌生命，抒写生活，让生命之水如归海的百川信心百倍地朝前流淌。学生时代，便先后发表了十多篇小说和散文。生活在文学的滋润下，愈加灿烂多彩，繁花似锦。

那支文学之笔如一把神斧，劈开了曾经阻塞的生命之闸，让生命之水畅然奔流，流出了一路欢歌，浇灌出一路花香。而今，业余时间在文学之途跋涉了二十多年后，我已经成了省作家协会会员，在省级以上文学刊物发表作品一百多万字，出版了多部文学专著。文学让我的生活多姿多彩，丰富美丽。

朋友，当生命出现禁锢的时候，给它留一个缺口吧，从那缺口里流出的生命将会呈现出另一道新的风景。也许就是这道风景，将引导您走向新的成功！

成长需要尊严

那时，班里来了位内向、胆怯的小女孩。她在课堂上老是不敢举手回答问题。我找到她。她对我说，由于在乡下时基础没打好，现在来城里学校念书，心里忐忑不安，害怕回答不出问题被同学笑话，越是惧怕便越不敢举手答问，甚至上课时一听到老师提问就胆战心惊，直冒冷汗。自卑到如此地步的学生我还是第一次碰到，请教几位老教师。他们有的说要锻炼，多让她回答几次就好了；有的说多肯定，重新树立起她的自信心；也有的说，由她去吧，年龄大了自然就好了。我试着按他们的方法去引导，不仅没能让她勇敢地抬起头来，反而更加挫伤了她的积极性。

又一次找到她时，从她悲伤的眼神里，我仿佛看到了她对我教育教学工作的失望。沉默半晌，我对她说："以后，你会回答的问题就举左手，不会回答的就举右手，但每次都一定要举手，好吗？"小女孩茫然无措地看着我，将信将疑地点了点头。

那以后，当她颤抖地举起右手时，我便送给她一个会心而温暖的微笑；当她勇敢地举起左手时，我便将答问的机会巧妙地送给她。有几次，我设置的问题太难了，同学们都回答不上来，但她仍按我们的约定，勇敢地举起了右手。我同样把问题交给她，虽然没出乎意料地答错了，但我还是狠狠表扬了她勇于思考的精神，并让全班同学向她学习。经过一次又一次的锻炼，她不仅获得了同学的尊敬，学习信心也日渐增长。渐渐地，她便自信而又勇敢地一次次举起了她的左手。毕业时，她以全班第二名的好成绩考上了理想的大学。

无独有偶，还有这样一个真实的故事。

那时，她还是一个不谙世事的小姑娘，刚分到这所妇幼保健医院。那天，一对年轻夫妇抱来个发高烧的一岁小男孩，需住院输液。也许是孩子病得太虚弱了，她在给孩子额头套针的时候，老是找不到那细小的血管，急得满头大汗。病床上的孩子不停地哇哇啼哭，孩子的父母在一旁也不住地唉声叹气。那位父亲甚至粗暴地说："你怎么搞的？不行，我们就转院。"那位父亲的话似锐利的钢针，刺得她的心一阵阵地剧痛，眼泪忍不住地夺眶而出。泪水滴落在套针的手上，那只手愈发地颤抖不停。孩子声嘶力竭的哭声揪扯着她柔弱的心，她多么希望能有神人相助，帮她套上那顽固的针头。

正在她骑虎难下的时候，护士长被那孩子的父亲叫来了。护士长看了看可怜挣扎的孩子和泪流满面的她，又看了看输液器，对她说："是输液器有问题，快去换一个吧。"她迅速拿来一个崭新的输液器。护士长轻车熟路地一下子为孩子套上了针头，还责备她说："你也不仔细检查一下，输液器有问题，还白费工夫。"旁边的年轻父母听护士长这么一说，便没再抱怨。她也擦干泪水，轻轻地舒了一口气。

下来后，护士长把她悄悄叫到一边，语重心长地说："输液器是没有问题的。你以后要苦练基本功啊。"那一刻，她的泪水似决堤的夏洪滚滚而下。她由衷地感激护士长的良苦用心，给了她一次成长的尊严。

从那以后，她苦练基本功。上班练，下班也练。母亲被她的苦心所感动，主动成了她的"模拟"病员。眼看着母亲的双臂被她蹩脚的套针技术扎得鲜血淋淋，有时疼得冷汗直冒，她的心也在一阵阵地滴血。后来，她干脆悄悄将自己作为了试验品。当汗水和泪水成串落下的时候，她的眼前不由自主地映现出护士长那期待的目光；当娇嫩的手臂被扎得布满了蜂窝般密

集的针眼，当疼痛如海潮般不断袭来的时候，她的耳边便一遍又一遍地响起护士长那亲切的话语。

就这样，没几年，她便成了院里有名的"一针准"，成了人人钦慕的业务骨干，进而成为全国劳模。她说，是护士长给她的那份成长的尊严激发了她不断上进的决心。她永远感激那位护士长。

其实，在我们的生活中，每时每刻都有许许多多的正在成长的新生命，他们正在渴求着我们所施予的成长的尊严，哪怕是一点点，也会激发出他们奋进的热情和执着追求的信念。

给自己念念"紧箍咒"

西游记中，桀骜不驯而又身怀绝技的孙悟空，能够乖乖听命于唐僧这个凡身肉胎的指挥，全凭了唐僧的撒手锏：念紧箍咒。每每悟空犯忌，有冲撞之举，要大开杀戒之时，唐僧一番紧箍咒，便让他满地打滚，喊爹叫娘，乖乖驯服。

其实，现实中，我们每个人心中都一个顽劣不羁的"孙悟空"。它常常跑出来兴风作浪，干扰生活秩序，打乱人生计划，甚至让事业受挫，让梦想破碎，让生命夭折。它就是人的一些劣根性，比如骄傲，比如怠惰，比如自卑，比如私欲，比如贪婪，等等。所以，我们也应该常常给自己念念"紧箍咒"，驱赶那些盘踞心灵的恶魔，纯净心地，明朗心空，让人生畅然前行。

得意忘形时，给自己念念"紧箍咒"。每每胜利之时，便是人生扬扬得意之际。得意之际，便如罹患感冒，自身免疫力严重缺失，此时最容易招致嫉恨，遭受暗算。或许你还怀抱着鲜花，四处炫耀，也许你还盘点着奖品，沉醉于幸福，冷不防，别人已经拉满弓弦，锋利的暗箭早已嗖嗖飞射。而被胜利冲昏头脑的你，就在迷迷糊糊中被击中。那么，得意之时，给自己的"咒语"应该是：得意是跌倒的陷阱，谦逊是进步的阶梯！

懒散怠惰时，给自己念念"紧箍咒"。不少人在勤奋进取中成就自己，

也有不少人在懒散怠惰中荒废了人生。虽然同样资质平平，有人却借助后天的努力成就精彩。出身低微的俞敏洪，从一个偏僻农村的苦孩子成长为新东方掌门人。从对英语畏惧不已，到依靠英语成就新东方的世界传奇。其间凝聚的都是勤奋的汗水，走过的都是奋斗的足迹。那么，懈怠之时，给自己念念"咒语"：勤奋是耕耘者的犁铧，拼搏是上进者的云梯！

悲观沉沦时，给自己念念"紧箍咒"。人生如长途跋涉，不可能始终一马平川，肯定有坎坷，有泥泞，有跌倒，有伤痛。这时，你是爬起来昂然迈步，还是从此裹足不前？你是沉溺挫败，还是睥睨失利？选择不同，人生会因此有分水岭。坚强前行者，会成为勾践那样的英雄，在卧薪尝胆之后，东山再起，振兴国运，灿烂人生；会如史铁生那样的硬汉，用轮椅书写文学的传奇，用残躯在人类的精神高地傲然矗立；会像桑兰，虽然从鞍马上沉沉跌落，却在人生的高原稳稳站立。那么，沉沦之时，给自己念念"咒语"：坚强是成功者的通行证，悲观是失败者的墓志铭！

时时给自己念念"紧箍咒"，人生之船才会顺风顺水，人生之树才会参天挺拔，人生之花才能芳香灿烂。

给人生划分行程

儿时，我经常和大人们一起上山打柴、割草。打柴、割草的过程还算轻松，但背着那些沉重的柴草上路，我便觉得人世间最大的痛苦降临了。

背着柴草回家时，一般晌午已过，自然是饥肠辘辘。加之身体瘦弱，感觉浑身没劲，四肢酸软无力，双肩被背带勒得生疼。可不管怎么说，那一背柴草得完好无损地背回家去。那是农家孩子最基本的责任啊。由于肚子太饿，总想一口气背回家。然而，那一背沉重的柴草越走越沉，常常压得我大汗淋漓，气喘吁吁。

有一次将柴草背回家，整个人差点儿晕了过去。母亲看我疲惫不堪的样子，就问："你一路没歇歇就回来了？""是呀，我不是想早点儿回家吗？"我气呼呼地回答。母亲笑着说："孩子，你仔细看看，那些大伯大婶是怎么背的？他们总是急急地走一阵，歇口气，再走。他们不跟你回家的时间一样吗？而且别人肯定没你那么劳累。不信你也试试。"

从此以后，我便学着大人们的样子，背一程，歇口气，再背一程，再歇口气。果然，回家的时间没耽搁，也不再那么劳累了。小小的我便暗自琢磨开了：为什么歇口气再背会觉得力气又足了许多呢？

原来，我在潜意识里将那一个个歇气的石磴、土坎当作了行程的目标。当疲惫难耐时，一想到马上就要到达下一个歇脚的地方，我便又对艰苦的

行程充满了希望，鼓足了信心，然后咬咬牙继续走下去。当将沉重的背篼搁置在歇气的石台上，疲惫的身体便有了从未有过的松弛和舒服。长长地喘口气，活动活动被压得僵硬的腰身，便有了一种说不出的畅快和惬意。再步上行程之时，疲惫之感顿然疏解。如果疲惫再次袭来，总会在心里安慰自己：再等等，马上就有歇脚的地方。于是，又充满希望地朝前走去。当走过最后一个歇脚的地方，温暖的家也就到了。

　　而今许多年过去，每当感到人生之路跋涉艰难时，我便忆起了儿时的经历，便有意识地将长长的行程划短。我默默地告诉自己：在这一段行程里，你只需要达到你的目标就够了。于是心灵的重负便陡然减轻了许多，便又轻松地背着人生的"柴草"上路了。

感谢轻视

你说，别人总用轻慢的目光看你，不认可你的位置，不承认你的价值。我知道被人轻视的滋味，可是，我却要告诉你：感谢轻视！

一个朋友的故事。

那时候，他中等师范毕业，相当于现在的高中水平，然后在工作中自学、函授，勉强拿下大学数学文凭。那是一所国家级示范高中，是当地的"清华"。进入那所中学的老师，几乎全是重点大学的高才生。他们满腹经纶，学富五车。在同行眼里，那里的老师都是楷模，是先锋。一个偶然的机会，他凭借关系进了那所学校。虽然硬着头皮上课，可从同事的目光里，他看到了轻视，看到了不屑。于是，他沉默了。他畏缩过，自卑过，甚至想过逃跑。

可他最终留了下来，是位老教师的话点醒了他："如果你感觉他们看不起你，就该拼命努力，教出好成绩给他们看看。逃跑算什么？"他红了脸，却从此下定决心。那些日子，为了证明自己，他疯狂听课，拼命学习，向前辈，向同龄人；他虚心求教，向老教师，不耻下问，向尖子学生；他拼命演算，精心备课，焚膏继晷，废寝忘食；他认真批改，耐心辅导，不放过下课的空隙，哪怕休息的片刻。身体消瘦了，学识却丰满了；体质下降了，学生的成绩却上升了。当终于走上优秀教师的领奖台，他看到了同事钦佩的目光。

而今，那位朋友已经成为学校的顶梁柱——骨干教师，承担着火箭班的班主任工作。他年年捧得奖状，岁岁被奉为楷模。再次谈到轻视的故事，他笑了，说："真得感谢那份轻视，否则，我也许还在庸庸碌碌中徘徊，在平平凡凡里沉醉。是轻视激发了我的潜能，点燃了我的斗志！"

其实，历史上也有许多被轻视后奋发有为的英雄故事。

那个从胯下钻出的韩信，并没有在历史的风烟里沉沦。堂堂七尺之躯，从胯下钻出，何止是轻视，是十足的奇耻大辱。可他没有就此退缩，就此消沉，而是饮恨吞羞，奋发图强，练就运筹帷幄决胜千里的指挥才能，成为光耀古今流芳百世的传奇军事家。

司马迁，人们记得他的皇皇巨著，可否记得他的深重耻辱？宫刑后，令男人蒙羞，令祖先无颜，何止是轻视？可他在轻视里隐忍，在轻视里奋发，在轻视里挺拔，用钢铁意志抵挡不尽的羞辱，用如椽巨笔写就千古辉煌。而今，岁月更迭，时光流逝，人们记取的不是他的凄楚和耻辱，而是他的抗争和奋发。

你的同龄人，那个用脚弹奏钢琴的男孩刘伟，当失去双臂，成为重度残疾时，他也遭受过轻视，被视为生活的负担、人生的弱者。他没在轻视面前倒下，却坚强屹立，先是在游泳池里劈波斩浪，用脚划动人生之舟。取得残疾人运动会冠军的他，依然不满足，他要受到人们的"重视"。于是，怀揣钢琴家的梦想，他毅然用脚弹奏人生。这一次，他遭受到更多的劝阻和打击。那些轻视无法言说，却并没成为他前进的绊脚石。他把那些轻视当作台阶，踩着它们向成功挺进；他把那些轻视当作加油站，凭借它们让人生之车风驰电掣。当悠扬的旋律终于在脚下奏响，当中国达人的桂冠终于戴在了他的头上，你还能看到轻视的身影吗？那时，赠给他的只有鲜花和掌声，崇拜和敬仰。

当人生遭遇轻视，不要逃避，不要沉沦，用奋斗做笔，用坚强做琴，书写辉煌，弹奏强音，那么，轻视会如昨夜的雾霭彻底消散，尊重会如清晨的太阳冉冉升起。

感恩"负能量"

生命中，有诸多值得感恩之人，他们或者予你温暖，或者予你扶助。可是，有些人也需要感恩，那就是你的"敌人"——那些曾经给予你"负能量"的人。

感谢嫉妒。

朋友事业有成，家庭幸福。他却坦言，这些成功皆缘于一份刻骨铭心的嫉妒。那时，他是小镇公务员中颇有名气的笔杆子。大小公文，凡是经过他点化和润色的，总是锦上添花，胜人一筹。为此，备受镇长、书记恩宠，他也因此频频获得荣誉，包揽了单位所有先进。树大招风，他的红极一时引来了铺天盖地的嫉妒。一时间，诽谤的，中伤的，飞短流长不绝于耳。朋友说，他瞬时失去了前进的勇气。

苦闷之余，求助于自己中学时的老师。老师语重心长地说："此处不留爷，自有留爷处，你何必在一棵树上吊死？你有那么深厚的文学造诣，为何不另谋出路？"老师的一番话，如醍醐灌顶，让他幡然醒悟。思忖一番，他毅然决然地放弃了曾经的一切，只身闯荡江湖，开始了以笔为戈的战斗生涯。

对文学的痴迷，对成功的渴望，让他很快出人头地，他成了小有名气的作家。开专栏，做讲座，出著作，他的人生至此峰回路转，春色迷人。

他说，如果不是那些嫉妒施加的压力，或许他将一直按部就班，在明争暗斗里蹉跎青春。感谢嫉妒我的人，是他们给了我改变现状、超越自己的动力！

感谢嘲讽。

村里的马二哥，小时候是个游手好闲，还偶尔偷鸡摸狗的浪荡小子。那一日，全村人一起开挖水渠。工地上的人们干得热火朝天，马二哥却故技重演，又开始偷奸耍滑。村里德高望重的张大爷看不惯，指责了几句，两人干戈顿起。

面对马二哥长幼无序、不分尊卑的蛮横无理的冲撞，张大爷义愤填膺地指着他的鼻子一顿臭骂说："马老二，老子敢断言，你这辈子就永远是个游手好闲的东西，不会有什么出息！如果你能够有出息，我张老汉在手心里给你烧张馍吃！"

此言一出，工地上顿时鸦雀无声。人们纷纷将目光投向马二哥。谁知他竟然像被掐了屁股的马蜂，一下子偃旗息鼓，耷拉着脑袋，脸色绯红。那无地自容的样子，恨不得找个地缝钻进去。片刻，嗫嚅着说："这可是你当着全村人说的。如果有一天我真的出息了，你得说话算数！"说完，扔下锄头，狼狈逃窜了。人们还瞥见他满眼的泪水。

身后，张大爷却哈哈大笑说："他马老二要是能够有出息，除非太阳从西边出来！"村里人也跟着哈哈大笑。

十多年过去，当年的马二哥已经是富甲一方的建筑包工头。他说，是张大爷那句打击自尊的话彻底唤醒了他。如果不是那番嘲讽，他绝对不会立即投入打工队伍，进而风餐露宿，含辛茹苦在建筑工地打拼。每当懈怠懒惰、不思进取之时，他的耳畔便响起张大爷尖酸刻薄的话。那些话如刀枪，似剑戟，将他的懒散驱赶殆尽。

马二哥说，当他富裕之时，也想过到张大爷门下去谢恩，害怕老人不接受，一拖延，老人竟驾鹤西去，成为他永远的遗憾。

感谢拒绝。

　　朋友给我讲述少女时代的遭际时，还泪湿眼眶。那时，她是班里的丑小鸭，默默无闻，独守教室一隅。可偏偏死心塌地喜欢上了班里最帅的男孩——那个喜欢唱歌跳舞，篮球打得最好的体育委员。她明明知道他有众多粉丝，却依然对他魂牵梦绕。

　　那一日，她鼓足勇气将一封情书悄悄塞给了他。没想到，他在回信里以极其侮辱和轻蔑的言辞拒绝了她，还讥讽说，她不知天高地厚，也不拿面镜子照照自己。朋友说，她可以接受他的拒绝，却不能接受他以侮辱的方式拒绝。她狠狠地痛哭一番，便在日记里写道：我要用事实证明，我是知道天高地厚的人！

　　从此，她奋发图强，夜以继日地努力，很快稳居年级第一名。就在他惊诧的目光里，她骄傲地考取了名牌大学。

　　而今，她已是一家公司的老总。她说，年少时，她真想当面回敬那些侮辱，可而今，她却有真诚的感谢，感谢那份拒绝，激发了她生命的潜能，鼓舞了她的斗志，给了她前进的信心。

　　感恩那些嫉妒、嘲讽、拒绝，正是那些特殊的"负能量"，才高效激活了你生命中的潜能，让它们成功转化为"正能量"，让你的生命变得更加强大，愈发精彩！

丢掉人生的"垃圾桶"

前些日子，家里旮旮旯旯放着几只垃圾桶。那些小小的垃圾桶，五颜六色的，像只只美丽的"眼睛"，无言而无邪地注视着家的角角落落，又像一个个忠贞的小卫士，默默地驻守着家，护卫着家的清洁和美丽。

然而，没过多久，那些小小的垃圾桶竟平添了许多麻烦。每只桶里留着或多或少的垃圾，清理一次竟要花费颇多时间。每每清理得精疲力竭之时，我便生出了些许的感慨和遗憾。

以前没那么多的垃圾桶时，搞清洁是定时的，让生活变成了一种习惯，而自从有了那些遍布角落的小东西，便有了许多惰性。有时想，反正那些垃圾桶承载着清洁的任务呢。只要地板上没垃圾，眼不见心不烦。每每看看蒙尘已久的家，心中不免感叹：是那些小小的垃圾桶轻而易举地改变了我，改变了以前勤快自律的我。

更可怕的是，儿子和老公也被改变。以前没有垃圾桶，两张书桌下清洁如新。而自从有了垃圾桶，儿子书桌下总是遗落着零零星星没被准确丢入垃圾桶的东西或纸屑，七零八落的，很是惹眼。老公的书桌上有淡淡的烟屑，丝丝缕缕，是抖向垃圾桶时遗落的。而以前，他是不会在书桌前抽烟的，都是垃圾桶这个"大烟缸"惹的祸。

那天，又一次为清理那些垃圾桶而累得疲惫不堪时，突发异想：为何

不减少一些垃圾桶呢？说干就干，先拿掉了卧室和书房的。儿子和老公刚回家立马有了反应。

儿子拿着剥了一半的香蕉冲进书房，坐在电脑前边吃边单手在键盘上翻飞。片刻，就急急地呼叫起来："妈，这儿的垃圾桶呢？"原来是香蕉皮坠地的声音引起了他的注意。我说："扔到厨房吧。以后书房里没有垃圾桶了。""啊？那怎行？"儿子尖声惊叫，像电脑突然少了一个零件无法正常游戏一般。老公叼着烟也在他的书房吼叫："怎么回事，垃圾桶呢？"原来他将烟灰抖在了自己的脚上。

还好，除了两人一阵惊叫，生活很快又恢复了常态。整个百多平方米的房子只留下两只垃圾桶。这也随时提醒我，得及时清理垃圾。

日子像一辆修复了的火车，又轻快匀速地向前驶去。我又拥有了按时打扫卫生的习惯。儿子和老公的书桌下，重新洁净如洗。两人都习惯了脚下没有垃圾桶的生活。

生活不也如此吗？有太多可以依赖的"垃圾桶"，人生就有了很多的惰性和借口，生活质量便在不知不觉间下降了。丢掉人生不必要的"垃圾桶"，生活会是另一番新天地。

灿烂的背后

　　校园的玉兰花蓓蕾初萌，不由驻足欣赏。看着灰扑扑的蓓蕾，不禁大失所望。

　　深深记得灿烂绽放的玉兰花。光秃秃没有叶片的枝丫上，满满当当都是花朵。那些花朵硕大，壮实，丰满，如青春正好的女子，肌肤娇嫩，吹弹即破，容颜如灯，照耀得暗淡的日子都华彩熠熠。尤其是雨后初晴，春阳里，清晨的玉兰花娇媚绝伦。枚枚花瓣上都顶着几颗露珠，晶莹剔透，如白色王冠上镶嵌着闪烁的钻石，在阳光里闪耀着绚丽的光彩。花瓣如刚刚沐浴的少女肌肤，粉嫩，娇羞，生机勃勃，洋溢着青春的气息和生命的神采。白昼里，阳光下，玉兰花成为校园绝美的风景。孩子们驻足欣赏，常常浑然忘我，甚至听不见耳畔急促的上课铃声。黑夜里，星光下，那些硕大洁白的花朵，犹如点亮的灯盏，将校园的夜景衬托得分外美丽。

　　而此刻，站在那些蓓蕾面前，我陷入沉思。没想到灿烂的背后竟然有着这样的丑陋。你看那些蓓蕾，一例深灰色，还带着细细的茸毛，像一群毫不起眼的毛毛虫。

　　灿烂背后竟是这般的风景吗？

　　诺贝尔文学奖获得者马尔克斯，早年做新闻记者时，因为一篇揭露海军走私军火的新闻而引火烧身，被疯狂追查，只得亡命巴黎。在巴黎拉丁区的贫民窟游荡，靠捡酒瓶、旧报纸，换取丁点儿食物，还常常食不果腹。因为穷困至极，被好心的旅馆老板安排在一个楼梯间黑暗逼仄的储藏室里。他却在黑暗里坚守文学梦想，精心思考拉丁美洲的历史进程，苦心构思并写作成就了世界名著《百年孤独》，一举获得诺贝尔文学奖。靠奖金才得以还清旅馆老板的欠账。还账之际，旅馆老板大吃一惊，不敢相信曾经失魂落魄的穷小子竟然问鼎了诺贝尔文学奖。

美国作家福克纳曾经嗜好偷拆别人邮件而被开除，名誉扫地，后因个头矮小，当兵被刷，私自跑到加拿大，招摇撞骗说自己曾加入英国皇家空军。人生昏暗之际，终于钻进密林深处反躬自省，勤奋阅读，苦心写作，开了美国乡土小说先河，其作品被西方文坛视为现代经典。

罗志祥被称为全能艺人，而曾经的个唱只能给三个人签名，冷清到绝望。但他并没绝望，一点点突破自己，苦练舞蹈，苦练唱功，终于成为亚洲舞王、歌手、主持人、演员，星光闪耀，璀璨夺目。他说，所有的成功都是汗水凝聚的结果。终于，他的签名多到一天两万人，成功从毛毛虫蜕变为蝴蝶。

灿烂的背后，都有"丑陋"的时光，如这"灰扑扑的蓓蕾"。但只要有艰辛的奋斗，执着的坚守，不屈的信念，"丑陋"终将蜕变，人生终会灿如"硕大洁白的花朵"！

不要错过

　　"远上寒山石径斜,白云生处有人家。停车坐爱枫林晚,霜叶红于二月花。"朋友在电话里向我深情吟诵。正捉摸不透,她哈哈笑着说:"忘了吗,又是枫叶红遍的时候了,你怎么还不来赏呀?"朋友住在远山,那里四季如画。

　　游山赏景,早就心驰神往,可历数手边令人焦头烂额的工作,只得苦笑推辞。朋友在电话里无限遗憾地说:"春天呢,你没有时间,因此错过了漫山灿烂的杜鹃;夏天呢,你忙于应酬,因此错过一池洁白的荷花。原指望在秋天一起赏红叶,谁知道你也要错过。人生有多少山花烂漫、荷香四溢、红叶绚丽的时光呀?你为什么总在错过?"

　　挂断电话,耳畔回响着朋友深深的叹息,我不禁悚然一惊:是呀,人生为什么总在错过?山花一年年烂漫,岁月一天天流逝,也许等我们终于有了闲暇可以欣赏风景、享受生活的时候,只得感叹"物是人非事事休,欲语泪先流"了,那么,不要错过吧。

　　不要错过欣赏美景,享受自然。

　　生命如匆匆过客,自然是恒久的存在。我们要趁着年华未老,岁月正好,享受春夏秋冬,四季更迭的美丽。春日里,领着妻儿,去郊外踏青。和一枚叶子亲近,看它怎样缓缓伸腰展臂,在春风里渐次长大,染绿一山春色;和一溪流水欢歌,看它在灿烂春阳里,如活泼的孩童,蹦跳着哼唱着,走向远方。夏日里,去山野感受生命的璀璨。和一树果实对望,看它在骄阳里怎么丰满茁壮,将一身绿色鼓胀成风韵悠然;聆听一只蝉的鸣唱,听它怎样将嘶哑的嗓音,灵动成夏日独有的情韵。秋日里,去田野感受丰硕。和一个苹果对话,询问它怎样将一腔青涩的单相思,晕染为满脸的娇羞红晕;和一穗稻子谈心,听它讲述从夏天跋涉到秋天的漫长和艰辛。冬日里,到野外赏雪。和洁净的世界对视,了悟冬天等待和春天约会的甜蜜心事;和漫天雪花共舞,满怀希冀,等待来年春暖花开的美丽。

不要错过相携稚子,呵护成长。

我们在老去,稚子在成长。不要错过他清澈眼眸对你的深情凝望,那是生命最真切的交流;不要错过他稚嫩声音对你的切切呼唤,那是血缘最纯粹的流淌;不要错过他展开的笑颜,像花朵一般灿烂向你绽放;不要错过他哇哇的啼哭,像泉水一样轻灵地书写对你的眷恋。让我们陪伴生命一起走向成熟。不要错过他走进学堂时蹒跚的身影,不要错过他过马路时伸向你的那只小手;不要错过他拿给你的那本需要签字的作业,不要错过他请求听背课文的真诚;不要错过陪伴孩子一起玩耍捉迷藏,一起在书籍的世界里徜徉;不要错过和孩子一起走进大自然,一起在春花秋月的时光里成长。

不要错过回馈恩情,陪伴夕暮。

想想儿时,多少时光,我们在父母的陪伴下走向远方,在父母的温暖里寻找力量,在父母的指引下走向正轨,在父母的呵护里探求人生,在父母的鼓励下重新崛起,在父母的帮扶下拥抱成功。那么,请暂时放下手头的工作,在周末回家吧,不要错过和父母共度的短暂时光,他们已经垂垂老去,岁月容不得等待;请丢开不必要的交际和应酬,在年关佳节回家吧,不要错过和父母共享天伦之乐,温暖的亲情,才能疗治他们的孤独之伤;请丢开过分的名利追逐,挤一些时间,陪伴他们吃顿饭,说说话,聊聊天,不要错过和父母独处的时光,用你的体贴为他们暖心,用你的真诚给他们

在自卑的
废墟上开花

慰安；请放下汲汲以求的权利和地位，压缩时间，陪伴他们亲近自然，走进商场，不要错过和父母一起感受生活的美丽，用耐心的携扶驱逐他们的寂寞，用悉心的爱护让他们福寿绵长。

相比宇宙，生命如沧海一粟；相对永恒，人生如白驹过隙。为了不留遗憾，那么，不要错过享受自然，不要错过拥抱亲情，不要错过孝敬感恩！

别囚禁自己

生命中，总有无数的牵绊、哀怨和悲伤，因此，我们的心灵常常被关押在灰色情绪的牢笼里，甚至终身得不到解脱。其实，只要转换思维的角度，生命自是另一番景象。那么，别囚禁自己。

南非总统曼德拉在大西洋的罗本岛被囚禁了二十七年，关押在铁皮房子里，被白人看守，还受尽了非人的折磨和虐待。他却在 1991 年总统就职的庄严场合，向到场的三名看守深深鞠躬致谢，令在场的人无比惊诧。他说："年轻时，性子急，脾气暴，正是在狱中学会了控制情绪才活下来。当我走出囚室，迈过监狱大门时，我已经清楚，自己如果不能将悲伤与怨恨留在身后，那么，我其实仍然活在狱中。"

遭受不公正的政治待遇，遭受非人的残酷折磨，生命被整整束缚二十七年。这样的打击，谁都会萌生深仇大恨。怎不令人刻骨铭心，没齿难忘？可是曼德拉转换思维的视角，以包容的情怀宽释了过去，给了我们深刻的启迪：如果不能把悲伤和怨恨留在身后，其实仍然活在狱中！

不由想起一个朋友的故事。

那是他们家族的一段宿怨，代代相续，不得冰释。轮到他那一代，当父亲又像祖父一般向他讲述那段仇恨，让他牢牢铭记，并伺机复仇时，他说："爸爸，这么些年，你一直生活在仇恨中，你快乐吗？你总是处心积虑地

寻求报复，浪费了多少宝贵时光，可最后呢？活活折磨自己，至死不能放下，何苦呢？事情已经过去几代人了，也许人家早就没放在心上，只是我们还在苦苦铭记，把自己折磨得这般辛苦，划算吗？"

听完他的一番话，父亲先是久久地沉默，然后是深深地叹息，最后不得不点头认可。至此，父亲放下了心头的重负，世仇也烟消云散。朋友说，他的心里无比舒畅。其实，他未敢告诉父亲，私底下，他和那仇家的儿子早就是朋友，两人还联手成功做了几单生意，因为怕父辈责怪，故一直隐瞒着。他说，目睹父辈将自己囚禁在仇恨中，不得解脱，他便早早地解放自己，不仅轻松，人生还因此受益，何乐而不为呢？

而另一个朋友，离婚后，一直将仇恨深埋心底，并不时地给女儿传输，让她死死铭记父亲的忘恩负义，说天底下的男人都是坏蛋，让女儿时时戒备，处处小心。因此，女儿从小便和父亲形同陌路，还深藏刻骨铭心的仇恨。她也时时和女儿一起回顾父亲的不是，不停地讨伐他的背信弃义，搞得家里随时像个批斗会现场，气氛凝重而压抑。不久，因肝气郁结，她罹患严重的肝病，更是将罪过推给了男人。

在那样的氛围里长大的女儿，总是郁郁寡欢，闷闷不乐。该谈婚论嫁了，却死活拒绝，说天下男人都是坏蛋，她宁愿终身独居。至此，朋友追悔莫及。她将自己囚禁在仇恨的牢笼里，也将女儿深深锁进了哀怨中，造成女儿心智不健全，拒绝婚姻，拒绝幸福。如此沉重的代价，怎不令人痛心疾首？

别囚禁自己，用宽容的情怀，让自己从哀怨的牢笼中走出，生活才会天朗气清，风和日丽，生命才能和快乐相拥，与幸福相随！

"助攻"也美丽

班级男子球赛，我到场助兴。因为悠然自得地玩球技，我方队长几经辗转才到手的球，三番五次被对方抢断，令人懊恼。

中场休息，委婉转呈我的意见，让队长多传球，切忌耍花球，减少失误。队长脸色微红，颔首答应。但一上场，他又恢复天性，将球攥住，死死不传，急得其他队友大吼大叫，抓耳挠腮，不出片刻，球又在前场被对方断掉。面对不断流失的上篮机会，我方前锋气急败坏。毫无悬念，那场球赛再次因为队长没有实施助攻而失败。

下来后，责问队长。他羞涩地笑了，说："知道我们队出不了线，这是最后两场球赛，所以我也想上篮，中几个，过过瘾。"

我说："球赛中，除了前锋，其他队员一样重要。比如NBA，作为全球篮球明星集结的强大阵营，有多少人因为助攻而璀璨，永恒被人记取，被青史留名。如约翰·斯托克顿，助攻15806个，排名第一；贾森·基德，助攻11953个，排名第二；马克·杰克逊，助攻10334个，排名第三……'名人堂'不会只铭记'得分王'，'助攻先生'同样在NBA历史上熠熠生辉！要知道，没有助攻，就没有流畅的进攻！"

球场如此，人生赛场上，"助攻"同样美丽。

比如历史。如果没有诸葛亮忠心耿耿的"助攻"，怎能有刘备于蜀国

大展英姿的豪迈？但历史并没有遗忘这个"助攻手"，而是给予他一代名相的美誉，杜甫也深情吟哦"三顾频烦天下计，两朝开济老臣心""功盖三分国，名成八阵图"，后人还撰写对联深情铭记他成就斐然的"助攻"业绩：鞠躬尽瘁酬三顾隆恩食不甘味，敬礼竭忠做两朝宰辅寝不安席。

才高齐天、谋深如海的秦朝名相李斯，功冠群臣、声施后世的西汉开国名相萧何，道破天下事、一策定乾坤的初唐名相房玄龄，直言进谏、千古诤臣大唐名相魏征，辅佐天骄、誉为北国卧龙的元代名相耶律楚材，被称为帝王之师、救时宰相的明代名相张居正，富有文韬武略、誉为官场楷模的清代名相曾国藩，他们无一不是历史上赫赫有名的"助攻王"，辅佐历代帝王成就功业，安定乾坤，自己也因此彪炳千秋，流芳百世。

现实世界依旧如此。如果没有方文山幕后默默无闻地"助攻"，怎会有周杰伦前台炫舞的耀眼、劲歌的火爆？如果没有方文山后台制作的那些雅俗共赏的经典歌词，怎会有周杰伦流行音乐大江南北的传唱、大陆港台的风靡？不过，正因其绝佳的"助攻"，周杰伦红遍世界，方文山也誉满天下。人们记住了周杰伦歌曲的美丽，也记住了方文山歌词的雅致。不管是《菊花台》的伤感，还是《青花瓷》的柔美，不管是《发如雪》的凄婉，还是《棋王》的豪放，方文山因"助攻"而被广为传诵。

我们是风，就辅助羽毛扶摇而上九万里，那飘摇的姿态里有你扶持的美丽；我们是云，就帮助长空凝聚雨滴，那普降甘霖的苍天下，有你滋润万物的美丽。"助攻"也美丽！

生活也需要"暂停"

朋友开了家公司，前景看好。可最近，却屡屡告急，她觉得生意场上诸多不如意：自己起早贪黑，忙得陀螺似的旋转，公司员工不但不理解，还有要求加薪的，联系跳槽的，要挟升职的，让她疲于应付，忙累不堪。

正好去她所在的城市出差，邀约去听一场音乐会。她却百般推辞，说生意忙碌，无法抽身。我笑了："我足额付费，权当陪我一次，好吗？"

说到这个份儿上，她才极不情愿地来了。

演出开始了。舒缓悠扬的旋律，精彩绝伦的演奏，华丽多姿的布景，让人身心舒展，心灵愉悦，仿佛置身世外桃源，和清风明月相伴，与花香鸟语相随。我悄悄瞥一眼身旁的朋友，发现她竟双眼湿润，泪光闪动。

忙问怎么了。她尴尬地笑了，说："不瞒你说，这里的环境，让我重新找回了自己。知道吗，曾经，我是多么喜欢音乐。每每业余，总是独自演奏小提琴，沉浸在音乐的世界里，感觉生活是那么美妙。不知从何时开始，满脑子都是生意，都是钱财，都是欠账，都是财富的数字，唯独没有了音乐的影子。今天，我发现自己心里最需要的还是这种悠然自得的享受，这种空灵美好的感觉。有音乐真好啊！"

我激动地说："是呀，你早该如此感觉了。知道吗，我问了你公司的员工，他们非常不满意你这些天的态度，动不动就怒火冲天，气势汹汹，像只母

老虎。其实，他们所谓的跳槽、加薪、升职，只是对你反抗的一种形式而已。"

"是呀，我自己心灵太累，就把这种情绪转嫁到员工头上，的确不公平，是得改变了。以后，我要学会'暂停'，给心灵充氧。谢谢你，让我终于在短暂的停歇中找回了自己！"

毫无悬念，暂停后找到自己的朋友，也彻底找到了新的发展方略，她又学会了笑对员工，公司重新风生水起，蒸蒸日上。

不由想到一些不懂暂停的悲剧故事。

著名演员傅彪肝脏手术后，不好好歇着，却心急火燎地奔赴拍片场，只是希望演艺事业永远如日中天，却最终未能挽回疲累的生命，英年早逝；北京同仁堂股份有限公司董事长张生瑜比谁都懂得医术，却单单不懂得人生该暂停，该休养生息，该爱护自己，突发心脏病逝世，年仅39岁；上海中发电气集团董事长南民，因患急性脑血栓抢救无效去世，年仅37岁。这些人皆是社会成功人士，也是国家的中流砥柱，可在匆忙奔走的人生行程中，他们却不懂得"暂停"，检修身体这部高速运转的机器，让零件早早地出了问题，让生命报废，留下沉重遗憾。

云集篮球顶尖人才的NBA，在每一场比赛中，不仅有官方暂停时间，教练还会根据场上风云突变的形势，随时叫"暂停"。在暂停时间里，教练会给球员鼓劲，会重新安排战略战术，会提醒个别球员应该注意的方面。有经验的教练，叫暂停后也许一句话也不说，他的用意，就是要让球员有一个自我考量的短暂时间。

人生就是这样，一味地勇往直前，往往缺乏机会和时间反省得失，休养生息。给自己"暂停"，就是给身体营养，给精神加油，给心灵充氧，给道路清淤。

生命的细节

　　动画片《西游记》里有这样一个细节：唐僧正在打坐念经，忽然一只蚂蚁掉落于手上。唐僧并没有粗鲁地甩掌拍死或者狠命捻死，而是轻轻地满脸慈爱地将那只手置放于地，让惊慌失措的蚂蚁安全离开。

　　也许有人会讥笑唐僧的迂腐，然而，我却欣赏这样的"迂腐"：正是这样的生命细节，才铸就了他慈悲的胸怀，才让他历经九九八十一难而不倒，取得真经，成为真佛。的确，生命需要这样的细节。

　　弘一法师生前很多生命细节均被人津津乐道。每每落座时，他总要虔诚地做一件小事。那就是仔细地摇晃一下藤条座椅，再瞪大眼睛细细地查看一遍。他在干什么呢？原来，他是看看有没有细弱的虫子隐藏在藤条椅子的缝隙里，生怕因为自己着急落座而误伤了它们。慈悲至极，善良至此。修炼如此的生命细节，怎不叫人感动？这是一位僧人的慈善，也是一个生命的大美！

　　还有一件事。1907年，在日本留学期间，他为了赈济淮北水灾，发起赈灾游艺会。他所创办的话剧"春柳社"首次在游艺会上公演了法国小仲马的名剧《茶花女》。为了达到最佳演出效果，他亲自男扮女装，主演"茶花女"角色。

　　有一个细节是这样的：那天，他穿的是一件粉红色的女西装，束着细

腰，飞瀑披肩，长长的裙子拖在地面。剧照是他亲自设计的：他两手从脑后抱住头，头向右倾斜，眉峰紧蹙，眼波斜睇，正是茶花女自伤薄命的神情。正是这样引人注目的广告细节，演出效果空前绝后，他因此为祖国筹集了一大笔赈灾款。

这样的生命细节，怎不令人怦然心动？为他细腻的情怀，为他慈悲的心灵。如此细腻的生命细节，才书写了他气贯长虹的爱国诗篇，才演绎了他赤胆忠心的爱国豪情，故而彪炳后世，流芳青史。

著名歌唱家宋祖英，每每外出进行演出活动，总要热情地帮助化妆师毛戈平拿行李。有时推辞，她就对毛戈平说，你的行李是我们队伍里最重的，我帮个忙只是举手之劳。毛戈平说，他非常感动，但又觉得很自然，因为不仅对他，对团队里所有的人，她都是那么热情周到。

也许正是这样的生命细节，铸就了一个农民女儿生命的高度和厚度。举手之劳，正是善良情怀的自然流露，正是人性美丽的生动写照。有这样人格素养的人，谁会不帮她？谁会不喜爱？谁会去诋毁？谁会去伤害？这也许就是宋祖英自出道以来一直备受欢迎，从无绯闻的根本缘由吧。

也许你说伟大的人自然有不同凡响的生命细节，可是这样的细节，平凡人也可以缔造。

单位里有个女同事。她的一个生活细节每每让人赞叹不已：那就是习惯随手捡拾地上垃圾，弯腰俯身，没有丝毫做作。有时，一大群人正走着，眼见前方一片废纸，赫然在目。大家熟视无睹时，她自然上前捡起，扔进垃圾箱，并面含微笑，神态自若，云淡风轻，稀松平常。

正是这样的生命细节，深深感化着她班里的孩子。她所带的班级连年被评为先进班集体。她自己也一直是优秀班主任。身教重于言教，这样的细节，如春风化雨，润物无声，治班效果当然显著。

如果生命是一部小说，总得靠细节书写和演绎。当你拥有如此慈悲、爱国、责任、谦卑的生命细节，你人生的皇皇巨著也许就是经典，将流芳百世！

人生如山路

和朋友登山,不经意走到了一处岔路口。茫然无措,犹豫片刻,干脆走进了一条幽僻山路。

那小路蜿蜒在萋萋荒草里,在冬日,尤显萧条冷落。路旁密密匝匝是枯黄野草。一些不知名的灌木,落光了叶片,在寒风里瑟缩着。枯寂的样子,看不出一丝生气。

朋友满脸忧戚:"不知道这路通向了哪里。如果南辕北辙,咱们可就惨了。"

我抬头看看傍晚的天空。夕阳还在山头,如熟透的橙子,看样子一时半会儿不会落下,于是说:"估计山里不会有狼,有两人,怕什么?走吧,就当探险!"

我俩紧走慢赶开始行进。渐渐地,山路越来越陡峭。竟遇蜿蜒小道,逼仄得只能侧身而行。

但那是一片诗意的丛林。

路旁不时有调皮的荆棘伸出手来,热情地拉扯着衣衫,仿佛希望逗留陪伴。偶尔刺溜蹿出只色彩斑斓的山鸡,扑腾着飞到远处,留下咯咯咯清脆的啼鸣。树上的鸟儿要归巢了,忙着呼朋引伴,叫声深情而缠绵。有几只停歇在面前的树枝上,歪着脖颈,好奇地注视,婉转地歌唱,仿佛在热

烈迎候。

朋友终于笑了。她指着路旁树上两只嬉闹的鸟雀，惊喜地说："你看，它头上像顶着块红色的头巾。脖子上那黄色的斑纹，多像一方漂亮的围脖呀。那羽毛呢，像是画家设计的，色彩明艳，五彩斑斓，却又协调好看，真是美丽至极！"

看朋友歪着脖子看得入迷，我不由打趣："怎么，不害怕迷路了？喜欢这山路了吧？"

朋友如梦方醒，赶紧催促："对了，快走吧，太阳要下山了！"

穿过那片美丽树林，竟到了一处陡峭山崖前。朋友看看狭窄湿滑的山路，再看看崖下的陡坡，心惊胆战地说："这高跟鞋能走吗？要不，咱们回去吧！"

"那怎么行？估计不远了，再坚持一下吧。"我对朋友鼓气。

两人手牵手，另一只手死死抓着路旁的灌木和荒草，生怕失足坠崖。爬过那道山崖，我和朋友都吓出了冷汗。回顾来路，却又禁不住得意地笑了。我说："不是一直向往攀岩吗？这就是最好的体验！"

朋友说："那算什么呀？真正的攀岩才叫刺激呢。"话音刚落，一只灰色野兔刺溜一下从脚边蹿出老远。朋友吓得哇哇大叫，一屁股跌坐地上。我边拽起她，边哈哈大笑。

又到了一片林子。满地斑驳的落叶，踩上去，松软，滑腻，仿佛走在海绵上面。

夕阳余晖里，树上鸟儿群英荟萃。这儿一群，那儿一簇，仿佛在举行盛大的音乐会。那叫声，活生生就是一曲现场版的《百鸟朝凤》，悠扬，婉转，鲜活，生动。

朋友是个爱鸟人士，家里养着好几只鸟儿。兴之所至，她干脆席地而坐，专注地欣赏起精彩演奏来。

看她沉醉于斯，我赶紧催促。朋友恋恋不舍地被我拽着上路了。

走过一片阴暗昏沉的树林，穿过一片灌木茂盛的山坡，我们眼前终于

出现了目的地——那座高高耸立的铁塔。

朋友竟孩子似的欢呼："到了，快到了！"

我们一溜儿小跑。在那崎岖山路上，踩着松软的落叶，嗅着清淡的草香，听着归巢鸟雀的欢唱，就那样快乐抵达了。

置身高塔顶，回望走过的那片山林，看看若隐若现的林间小路，突然感慨万端：其实，人生就是一条山路，有崎岖，有坎坷，但也会有惊喜，有刺激，只要坚持跋涉，总会看到柳暗花明！

感谢跌倒

　　儿时的我，一直是老师眼里的乖孩子，同学眼中的佼佼者。因为一直遥遥领先于全年级的成绩，我受尽了老师的宠爱和呵护：做班干部，上台发言，主持活动，享受各种荣誉。那时，耀眼的光环让我迷失，觉得自己是世界上最聪明最幸福的人。我甚至鄙视那些成绩差劲的同学，觉得他们不求上进，缺少拼搏精神，是不可造就之人。我喜欢结交成绩优异的同学，和他们畅谈理想和未来。那时，自己仿若就是一只展翅高空、正凌云九霄的鸿鹄。

　　那一次，我终于重重地从高空跌落下来。

　　那是初中二年级下学期的期末考试。当我拿到通知书的那一刻，整个人都蒙了：全班三十名，而班里仅仅五十名学生。可先前，我一直是年级第一啊！

　　我深深记得班主任老师递给我通知书时那复杂的眼神，有气恼，有惋惜，更多的是怨怪。

　　我揣着通知书失魂落魄地走在回家的路上。那是一个暮色迷蒙的乡村傍晚。我独自一人走着。稻田里，青蛙在拼命地聒噪。那声音，仿若对我的嘲讽。想起以前，多少次，我拿着写满老师欣赏评语的通知书走在这条路上，兴高采烈，哼着小曲，心里乐开了花。那时也有青蛙鸣叫吧，可它们分明在热情地为我讴歌。想着，我的泪水再也忍不住地哗啦啦流淌。

我想起了曾经的放学路上，同学们都众星捧月般地围着我，争着请教习题，听我指点，让我讲述，目光里写满了艳羡和佩服。俨然，我就是他们的偶像。

可那天，听到班主任宣布名次时，我的周围便射来了一串串先是疑惑，后是惊诧，最后是鄙夷不屑和幸灾乐祸的目光。当时，在那如刀枪剑戟般的目光里，我趴在桌上号啕大哭。没人安慰我，我甚至听到了嘤嘤嗡嗡的窃窃私语，那是冷嘲热讽。

而此时，我踽踽独行，形只影单。同伴们冷漠地抛弃了我。

那天到家，我第一次不敢拿出成绩单面对父母，便想方设法撒谎瞒骗了过去。父母老实巴交，没再追问，我却半宿睡不着，在床上辗转反侧，愧疚难当，泪湿枕巾。

第二学期刚开学，我照例去班主任办公室领取课表，打算安排班级工作。班主任却冷冰冰地对我说："不用了，你先努力搞好你的学习吧，班长另外找人了。"我当时羞愧万分，捂着脸哭着跑走了。到班里，新的班长已经走马上任，正在如火如荼地开展工作。见到我，只冷冷地说："你去扫厕所吧，班里的事情我负责了。"

眼泪就要滚落，我倔强地拼命咽回去了。我在心里对自己说："你不能那么懦弱！不就是不当班长了吗？"我拿着扫帚匆匆跑走了，边扫地，眼泪还是不争气地流出来，滴滴答答地落了满地。

没几天，有关上学期的先进开始评选了。我还抱着一丝侥幸，心想：好歹我为班里的工作殚精竭虑了，肯定会给我一个优秀干部名额吧。

出乎意料，我榜上无名。我呆住了。我努力不让自己在教室里哭出声来。可一走出教室，眼泪就像断线的珠子，噼里啪啦地不停滚落。

那些日子，我仿佛流尽了一生的眼泪。想起失败的学业就哭，一直哭得眼睛红肿，哭得昏天黑地。

哭够了，哭累了，我强迫自己冷静下来。思前想后，终于找到了失败

的缘由：骄傲和懒惰两个魔鬼，联袂打败了我。

　　清醒以后，我学会了理智地看待。我坚信：只要有信心，只要肯付出，定能东山再起！

　　那以后，我疯狂地努力，夜以继日地学习，还一改往日的傲慢，拼命向曾经不如我的同学请教。除了学习新课，还积极补习旧知识。功夫不负苦心人，我的努力再次得到了承认。我又成了不折不扣的年级第一，而且将第二名甩得老远。

　　那以后，我的干部身份，我的荣誉，我的友谊，都回归了。我又过着优等生顺风顺水的日子。可是我彻底变了，变得谦虚，变得谨慎，变得和气，变得勤奋了。

　　而今，走过青春，收获许多成功之后，我尤其感谢那次沉重的跌倒。它像一只神奇的橡皮擦，抹去了曾经的污垢，留下一片洁净，让我可以重新书写收获和成功；又像一只勤奋的犁铧，耕耘了板结贫瘠的土地，让我播种了优良品德的种子，长出了意蕴深长的幸福。

辑四

在尘埃里开出花朵

二十岁的生命形态

　　一个男孩，生下来不久，被算命先生预言，活不过十岁。父母悲伤至极，抱头痛哭。此后，家里对男孩百依百顺，认为他只能活短短的年岁，便让他尽情享受，也不枉来人世一回。男孩从此成为家里的宝贝，他可以呼风唤雨，为所欲为，放纵恣肆。哪怕偷了邻居的东西，打碎了家里的玉石，家人一律笑脸相待，毫不责骂。谁知，孩子竟然活过十岁，甚至二十岁。

　　然而，一语成谶，二十岁的男孩成了死囚犯。原来，先前的放纵，让他不思学业，早早混迹江湖，干起了偷鸡摸狗的营生，最终犯下抢劫杀人的滔天大罪。父母对此追悔莫及，痛不欲生。

　　男孩父母封建迷信尚可理解，但如果他父母当初不那样定位男孩的人生轨迹，而是好好地让他把十岁的生命过得高质量，男孩或许拥有另一种结局。然而在他父母看来，短暂的十年生命，只配享乐才划算，最后却真正夭折，还遗臭经年。

　　如果督促他过好生命的每一天，让他成人成才，就算天命难违，高质量的生命，人生也了无遗憾。

　　不由想到了那个同样只活了二十岁的男孩程浩。

　　由于重度脑瘫，他一直卧床，最后变得肌肉萎缩，只十二三岁小孩的形体。他的"职业"是生病，业余却争分夺秒地学习、读书、写作。因为坐不挺直，程浩只能用鼠标在软键盘上一点一点地打字，写出了《站在两个世界边缘》。

他用自己的生命之灯去照亮迷惘的人，用自己的顽强精神去鼓励身处困境的人。他说，我在不停地解答别人的问题，不停地为别人指路，我这样很累，但也很充实。他说，我会将自己的遗体捐献，包括眼角膜。用我的灵魂，为你们开拓另一个人间。我要让自己的眼睛代替我，继续照亮这个美丽的世界。他说，幸福就是一觉醒来，窗外，阳光依然灿烂。

他用行动感染着无数人，他用精神激励着无数人，虽然只短暂的二十岁，谁又说他的精神没有永生？于他，生命的质量在于珍惜、坚韧、热爱，在于活出尊严，活出价值。

那个叫田维的女孩，也在二十来岁走了，可她留下的《花田半亩》，感人肺腑。

在十四岁被查出患有白血病之后，知道自己的生命时日不多的情况下，她依然顽强学习，积极上进，考入了北京语言大学语文系。在短短的二十来年的生命里，她承受着无法描述的病痛折磨，经受着常人难以想象的精神压力，随时可能被死神召唤而去，可她依然笑容满面地活着，依然开朗乐观地活着。

在她的作品里，没有因为病痛折磨而产生的悲伤和哀怨，也没有因为死神威慑而产生的绝望和恐惧，有的只是对生活由衷的热爱，对亲人朋友满怀的感恩。她在书中这样写给母亲：妈妈，我时常感激您，是您给了我生命。即使这身躯有许多不如意，但生命从来是独一无二、最可宝贵的礼物。我感谢，今生是您的女儿，感谢能够依偎在您的身旁，能够开放在您的手心。妈妈，不幸是我们共同的命运，幸福却是更深切的主题！

一个二十来岁的生命，虽然没有经历儿孙满堂的幸福，没有建功立业的伟岸，可是，谁能说，她遗留的精神财富不是最可宝贵的？她短暂的生命不是巍然挺立的呢？

比起那些功勋卓著的人，他们短暂的生命或许仅仅是昙花一现，可那片刻的开放，也有自己独特的幽香；他们的生命就如闪耀的流星，匆匆消逝却照亮了生命的苍穹。

在自卑的
废墟上开花

让梦想扎根

高一新生入校，我让学生们说说对未来的打算。他有着远大的理想，说将来想做一名工程师，在中国的农业机械制造领域出人头地。

后来，因为贪玩，他成绩直线下降。找他谈心，激励他要为了工程师的梦想奋发图强。他却理直气壮地说："老师，我现在不想当工程师了，想当航天员，为中国航天事业的腾飞做出贡献。"我欣慰地笑了，说："不管什么梦想，你得坚持努力，考上理想的大学了，梦想才能变成现实。"然而，时冷时热的学习状态，让他的高考惨遭滑铁卢。

在填报志愿时，他对我说："我现在想和您一样做一名人类灵魂的工程师。"我笑了，说："不是要为中国航天事业腾飞做贡献吗？"他羞涩地笑了，说："成绩不理想，上不了那类大学，没办法。"

终于走进师范类的大学校园。那个寒假回家，到校看望我时，他说："老师，我现在很后悔，毕业后不想做老师了，想考公务员。"我说："公务员也不错啊，正热门，加油准备吧。凭你的组织能力，肯定能在公务员队伍里驰骋一番，建功立业呢。"他自信地笑了。

大二暑假回家，他再看望我时，却苦着脸说："公务员试题我尝试做了几套，太难了。况且也了解了目前公务员待遇低，算了，我还是不考公务员了。""那你准备将来做什么？"我问。

他意气风发地说：“我准备自己创业。我了解了，上届几个师兄自己创业，还不错，自己当老板，自由自在，无拘无束，可以天马行空地施展才华，我喜欢那样的状态！”看他沉醉的表情，我仿佛看到了一个横刀跃马的勇士，正在大展拳脚，搅得商海风起云涌。我欣慰地说：“你有闯劲，有魄力，要坚持，那是很好的梦想！”

大四结束时，他打来电话说：“老师，我已经在一家小公司找到了工作，做管理。薪水嘛，勉强过得去。”我说：“慢慢来吧，你不是有创业的梦想吗？在别人那里学点经验，将来自己创业用得着。”他却在电话里连连苦笑说：“老师啊，自己创业风险太大，我了解清楚了，最后只得放弃。先挣点稀饭钱，慢慢再说吧！”

再见到他时，已是一年之后。他精神有些萎靡，仿佛斗败的雄狮。我不解：这哪像曾经胸怀大志、豪气干云的他呀？他摇头叹息，深深哀叹说：“老师，梦想很丰满，现实很骨感呀。唉，现在公司工作不好做，效益也不太好，说不定哪天公司就倒闭了，我正准备回老家考试，打算进一家事业单位。就算待遇低点，好歹有保障，稳定就好！”我无言，只摇头苦笑。

这是我一个学生的真实故事。我一直想，如果当初他肯让自己的梦想扎根，并坚守如初，用勤奋的汗水浇灌，用执着的信念培育，也许，他的梦想之树早就枝繁叶茂，开花结果了吧。

伯乐就是你自己

　　著名影星孙红雷蜚声影坛，火爆全国，成为遐迩闻名的大腕儿。而当初他的落魄和辛酸有谁知道？那么是谁让他迅速走红，成为各位名导演争抢的金牌演员呢？有一个重要的伯乐，那就是他自己。他自己勇敢地推销自己，成功打造了他如日中天的辉煌。

　　从中央戏剧学院表演系毕业后，他还是个无名小卒，没有人找他拍戏，没有人和他合作。当听说赵宝刚导演执导的电视连续剧《永不瞑目》开机了，需要一个叫建军的打手角色，他立即主动找上门去。当时，导演一看他的长相，就严肃地说，不合适，太忠厚老实了。而说那话时，他已经在片场苦苦等候了这个大牌导演六七个小时。导演冷漠地说完，又沉浸在紧张的拍摄之中，因为他已经习惯了这样走马灯似的挑选演员：拒绝得斩钉截铁，没有回旋余地。

　　看着戴着耳机专心致志蹲在地上指挥拍戏的导演，孙红雷虽然清楚地知道了他的拒绝，也听人说过他的严厉和挑剔，但是，他却并没有就此离开。

　　在片场站了片刻，他冷静地走向了导演，拍了一下他的肩膀。导演正沉浸在工作中，还从未有人敢如此大胆地和他这样拍着肩膀交流的。当转眼看到是刚才落选的孙红雷，他更愤怒了，气愤地摘了耳机质问："你要干什么？"孙红雷镇静地不紧不慢地说："导演，如果这个叫建军的角色不交给我演，你会后悔一辈子的！"这句石破天惊的话，让听惯了阿谀和乞求的导演，大吃一惊。他清楚地看到了孙红雷眼里的自信，于是，略一沉思，招手让化妆师过来，指指孙红雷说："你给他扮上。"孙红雷喜出望外，他终于看到了希望。当他被剃掉头发，打扮成打手形象站在导演面前时，导演朝他露出了久违赞赏的笑："就是你了！"

后来，张艺谋执导的电视剧《咱爸咱妈》中有个叫生子的男主角，孙红雷又主动找上门去。张导说："红雷，这部戏可没有你什么事儿啊，你一边儿去吧。"孙红雷却依旧执拗地说："有适合我的角色，那个黑白片部分的生子，我一定能够演好，你放心。"张导不敢放心，毕竟，那时候的孙红雷依旧是个平凡的小演员，没有任何名气。孙红雷就死缠硬磨地推销自己，并立下军令状说，一定演好。张导让他必须演得事后观众找不到他本人的样子，演出角色的个性来。果然，事后，人们只看到了光彩的角色，硬没发现是孙红雷演的，是他高超的演技成功塑造了那个角色。

就是这样一次次自信而勇敢地推销自己，自信地亮出自己的本领，自信地抓取稍纵即逝的机遇，孙红雷渐渐将默默无闻的自己搞得声名大振，以至红遍了大江南北。

在这个竞争激烈的时代，每个人都要勇敢地推销，自信地展示。只有这样，才能被他人认识，被时代接纳，进而打造自己的精彩。自信地推销自己吧，你才有机会拥抱孙红雷一样的丰硕和灿烂！

在自卑的
　　废墟上开花

把你的"蛛丝"牵过"马路"

　　夜晚漫步，猛然看到一根亮亮的蛛丝横穿马路，高高地悬挂在半空里，如杂技艺人布置的钢丝。惊奇之余，看到一只肥硕的蜘蛛正在蛛丝末端忙碌，无比震撼。

　　凌空飞架，无所依托，弱小的蜘蛛怎样将细细的蛛丝牵过车水马龙的马路的？凭借风力？不可能，风儿怎么知晓它的目标，又怎么准确无误地横跨马路？其他动物帮忙？仿佛只是童话想象。可是，两棵大树之间，一段宽阔的马路上空，一根蛛丝在无言地闪亮。

　　一切皆有可能。不由想起那句著名的广告语。

　　的确，只要敢想敢干，你也可以将"蛛丝"牵过人生宽阔的"马路"。

　　不由想起刘伟，那个没有双手，却痴迷于钢琴弹奏，梦想用脚敲响琴键的年轻人。在常人看来，一切是那么不可思议。可他偏偏认准了梦想就不肯回头。脚磨破了，血流淌了，脚指头僵硬了，美妙的音乐还在梦想的路上蹒跚着，迟迟未至。他却坚信自己可以将人生的"蛛丝"牵过宽阔的"马路"。这么想，便咬牙坚持着，哪怕碰到头破血流，哪怕遭受质疑和嘲笑。当音乐之神翩翩前来造访他时，中国达人秀的舞台上星光璀璨，上海达人秀的剧场里掌声如雷。

　　看来，只要有梦想，只要敢于坚守，敢于付出，敢于挑战，你完全可

以将人生的"蛛丝"牵过"马路"去，横跨于车水马龙之上，闪烁于熠熠星光之下。

如果刘伟还有双脚可以弹奏，仿佛也是可以理解的传奇。可是那个四肢皆不健全的孩子，他叫李传杰，却也创造了奇迹。2013年8月27日，央视《乡村大世界》栏目组隆重邀请他参加节目演出。当他用全身仅有的一个健全的脚指头弹奏出流畅优美的琴声时，全场的人们除了鼓掌，就是感动地流泪。他是一个重度脑瘫患儿，全身仅有一个脚指头能够动一动。因为神经坏死，他的脖子不能直立，只能艰难地后仰。他看不到键盘，全凭脚指头摸索，双手还不时地抽搐，紧握成拳，无法打开。生活不能自理，全凭母亲照料饮食起居。可是他却凭借仅有的一个脚指头学会了弹琴，学会了上网聊天，学会了刷微博。他未上过一天学，却能用一根脚指头每分钟打字七十来个，并成为2013年央视残疾人艺术形象大使。

想想两个被生活捉弄的年轻人，想想他们几乎陷入绝境的生活状态，想想他们勇于挑战、勇于搏斗的壮士精神，我们有什么困难不能克服？

残疾作家史铁生，在最好的青春年华，在应该活蹦乱跳的二十一岁上，突然被命运戏弄，永远地坐在了轮椅上。他在地坛叩问生命，寻找生活的勇气，最终成功和轻生告别，想清楚了"死亡是一个不急于求成的节日"，那么就得好好地活，精彩地活下去。于是，他摇坏了一辆又一辆轮椅，光顾了一次又一次医院，和死神进行了一次又一次的生命争夺战，最终赢得了胜利：将人生的"蛛丝"成功牵过了宽阔的"马路"，不仅成为声名显赫的作家，还是至高无上的精神斗士。虽生命已去，却精神不死，他人生的"蛛丝"定将永恒熠熠闪烁。

当你面对自认为难以逾越的人生鸿沟，面对自认为无法战胜的人生困难时，请你想想那条横跨马路的蛛丝吧。作为勇敢智慧的人类，我们完全可以自信地将人生的"蛛丝"，得意地牵过"马路"去！

给心灵一方天堂

　　表弟在乡下某学校待了十多年，最近老想跳槽。用他的话说，那老单位形如地狱，禁锢了他的自由，暗淡了他的人生。他觉得那里生活环境简陋，人际关系复杂，领导都是"黄世仁"，同事都是冷血，学生皆愚笨弱智，家长更是山野刁民。

　　听了表弟的讲述，我不禁对他深表同情。一个人生活在那样"水深火热"的环境中，该有多么疲累。

　　我给他讲了一个故事。故事中的两个年轻人同单位，都想跳槽，另谋高就。面试时，考官询问第一人，你原来的单位怎么样？那人喜形于色，滔滔不绝，讲述的都是原来单位的好。具体说，领导对他关怀，同事对他热情，整个环境温暖如春。考官问，那你为何不留在原单位呢？那人说，觉得贵单位的工作更加适合自己的专长，可以让自己更好地施展拳脚，发挥才干，挖掘潜力。考官含笑不语。而第二个人呢，面对同样的问题，却愁眉苦脸，大倒苦水，说什么原单位的领导是狼心狗肺，同事简直猪狗不如，那环境就是人间地狱，所以，自己才来贵单位应聘。

　　我问表弟："你猜猜俩人中，谁被录取了？"他笑了，说："肯定是第二个，因为他说的是真话。"

　　我告诉他，第二个虽然说了真话，但并没被录取，相反，第一个被录取了。用考官的话说，从第一个人身上，他看到了乐观、善良、宽容这样的优良品质,而第二个人呢,只让人看到了他的自私自利、悲观沉沦的不良品性。

表弟很惊讶,沉思片刻,便沉默了。

其实,表弟现在的单位,我也曾待过,离开十多年,至今仍留恋,便给他细细做了番回顾。

那里虽地处偏僻,但民风淳朴,单就家长对老师的感恩,让我至今感动不已。每到年关佳节,乡里年味浓郁时,那些善良的老乡总不忘让孩子生拉活拽地请我们到家里打牙祭,先品尝年味。每到农历七八月份,水果渐次成熟时,孩子们总在上学之际,捎给我们大袋大袋的新鲜水果,有硕大清香的雪梨,有丰满甜脆的苹果,有红彤彤的枣儿,有亮晶晶的葡萄。每到农忙时节,家长总支使自家孩子到老师家去,一起帮老师做农活儿,抢种抢收。

学生们呢,虽不甚聪明,但刻苦勤奋,力求上进,哪怕遭受批评,从不嫉恨老师。我离开时,孩子们哭得泪人似的。虽然没有昂贵礼物,但个个亲手做了许多小物件赠我。一个家境贫寒的孩子,摘了几枝正在怒放的白色槐花,粘贴在一张自制的红色卡片上,做成心形图案。图案红白相间,煞是好看。他深情赠言:亲爱的老师,您就像那怒放的槐花,淡淡的花香永远芬芳着我!我会铭记您的恩情,就像铭记这槐花的清香一样!多么诗意的礼物呀,让我永生难忘。

那里的同事和睦友爱,没有钩心斗角,没有尔虞我诈,总是君子之交淡如水。但谁家有事儿,他们总是倾囊相助,热情帮扶。

领导也没官架子,平日里哥们儿相称,一起在篮球场上争抢,一起在溪边垂钓,一起浅酌低饮,一起嬉闹游玩。

讲完这些,我问表弟:"难道你的生活中,真没有遇到过我这样的好事情?"他忍不住笑了,说:"那些鸡毛蒜皮的小事,算得上好事吗?"

我说:"如果你心里洒满阳光,你看到的事物定是暖色的;如果你心里充塞阴霾,你看到的东西定是灰暗的。给自己心灵一方天堂,你便天天生活在鸟语花香之中;给自己心灵一座地狱,你便日日受尽妖魔鬼怪的折磨!"

表弟颔首笑了。但愿,那方心灵的天堂已经被他修筑好了。明天,他的世界就是一派春光明媚,风和日暖。

跑过冬天

　　走进小城人才济济的师范学校，像一颗水滴落进了浩瀚的大海。看别人在舞台上明眸善睐，流光溢彩，看别人在画室里妙手丹青，挥毫泼墨，看别人在音乐厅纤手弄弦，婉转放歌，我的自卑便与日俱增。

　　冬天来了。班级开展跑操活动。每一个浓雾弥漫的清晨，我们在体育委员的带领下，步伐整齐、口号嘹亮地跑过小城的四条街道。那时，人们还在冬日的梦里酣眠，小城也笼罩在黎明前的黑暗里，只有昏黄的路灯朦胧地照着模糊的街道。

　　每每跑完全程，大都跟着回校了，也有愿意"加餐"的，那是班里几个体质健壮的男生。那个早晨，当看着他们渐渐消失在视线里的身影，我突然有一股冲动：跟着他们一起跑！作为女生，那是体能和勇气的挑战。我不敢大张旗鼓地声明自己的想法，等到大部队已经转过街角的时候，我装成系鞋带，悄悄蹲守片刻，确认没人注意，便一溜烟地追赶那几个男生。

　　那是一条黑咕隆咚的狭窄河街，是小城最为破旧和古老的街道。因为视野不清，我只得低一脚高一脚地踩着他们咚咚的脚步声前进。

　　在青石板铺就的小街上，我的身影如夜行的鬼魅，单薄，缥缈。等到我气喘吁吁地赶上他们时，已经晨曦微露。那时，他们正在另一条河街的入口处喘气，停歇，看到飞奔如风的我，都露出了无比震惊的表情，仿佛看到了外星怪物。我喘息着说："从明天开始，我跟你们一起跑吧！"我在乞求。他们却哈哈大笑说："我们是准备去参加男子三千米比赛的，你又何必呢？况且，女生跟我们这样跑，危险！"说完，他们嬉笑着跑远了。良久，晨雾里，还飘散着他们嘲讽的笑声。

我呆立片刻，冲着那些嘲笑，对着东方的晨光，跟自己说，男生能够做到的，你也能！

从那以后，我独自跟着那个并不欢迎我的队伍开始了艰难的冬季长跑训练。

那些浓雾弥漫的早晨，我跌跌撞撞地跟在人高马大的几个男生身后，跑过狭窄的河街。在寒气逼人的河风里，沿着河堤奔跑，踩着男生们快速如飞的脚步，大口地喘气，艰难地忍受。有时，双腿沉重得如同灌满了铅块，可我咬紧牙，还是迎着雾气，看着男生奔跑的背影，拼命地追赶，追赶。

那天早上，在凹凸不平的河街上，我不小心踩到一块石子，咚地跌倒了。男生距我太远，没人听见。我坐在冰冷的地上，揉着酸麻疼痛的膝盖，泪水哗哗地下落。片刻的犹豫之后，我爬起来，忍住痛，咬着牙，又一瘸一拐地往前跑……

那一年冬季长跑比赛中，我获得了女子组第三名，让我重新找回了自信和尊严。跑过无数的冬天，而今，我是一名幸福的老师，也拥有了好几本自己写的书，快乐地行进在春暖花开的人生春天里。

总得有点侠义精神

那是一个严冬的深夜。街道阒然，了无人迹，只有寒风如鬼哭狼嚎般咆哮。女人和两个男同事下夜班回家。寂寥的街道上，只听到三人笃笃的脚步声。

走着走着，女人忽然顿住了脚步。她指着不远处一辆汽车对两个同事说："你们看，那车旁躺着个人。"说完，几大步跑上前，果然看到汽车的前轮旁，一个男人脸朝下，头挨着轮胎，死猪一般沉睡着。

一个男同事凑上前嗅嗅，掩着鼻子说："哎呀，是个酒鬼，大约醉过去了，咱们快走吧。"

女人正色说："这么冷的天，让他一个人躺这里，迟早会被冻死。咱们干脆送他到医院吧。"女人指指前面不远处的医院对俩同事说。

其中一个马上反驳："要送你们送吧，我可不去。没听说多少人做好事不得好报，反被讹上的事吗？"

另一个也忙着附和："对呀，不知道他啥底细，咱们还是明哲保身吧。走，这么晚了，他家里人肯定会来寻找，放心！"说完，俩人大踏步朝前走去。

女人钉在那里，呆愣了片刻，冲着俩同事背影说："嘿，你们总不能见死不救吧？"

风里传来同事冷漠的回答："要救你救吧，我们不敢救！"

女人气得直跺脚，一边心里悄悄骂着"真是缺德"，一边忙着拨打了110 电话。

眼看男同事走远了，望望空无一人的大街，女人有了恐惧：如果碰到抢劫怎么办？可转念想想躺在地上昏死的男人，女人又在心里自我安慰：好歹做了件好事，等等警察就来了。

女人望眼欲穿。足足守护在汽车旁半小时，警车才呼啸而至，女人觉得像过了一个漫长的世纪。

她小跑上前，给警察详细描述了刚才的情形，眼看着两名警察拖拽着男人朝旁边的医院走去，女人这才长舒一口气，欣慰地笑了。那笑容在寒风里像要凋零的花朵。

女人心里很暖和，她一路小跑着回到家。丈夫还在等她。她兴奋而激动地讲述自己做好事的经过。丈夫冷冷地说："你又来了。还记得几年前的教训吗？"女人沉默了，女人怎么会不记得呢？

那时，女人在乡下工作。一次和丈夫乘车去走亲戚。破旧的客车在半道上走走停停，不时地上来乘客。到一处山湾时，上来几个穿红着绿的小青年，叼着香烟，吐着烟圈，一副玩世不恭的样子。其中一个就站在女人身旁的过道里。因为拥挤不堪，不少人都站着，包括刚上车的几个小青年。

客车在蜿蜒的盘山公路上颠簸不停。渐渐地，女人来了瞌睡。睡眼蒙眬时，她忽然看到旁边的小青年将手伸到了前面一位老大爷的裤兜里。那裤兜在屁股后面，胀鼓鼓的，估计揣着钱。

女人急了，她摇摇身旁的丈夫。丈夫却睡得死沉。她灵机一动，刷地站起身来，拍拍老大爷肩膀说："老人家，我想问个路，到青山村怎么走？"

老人满脸堆笑地转过身来，热情地给女人指点着路线。

那偷盗的小青年，狠狠地瞪了女人几眼，没趣地退到后面过道去了。

女人却再也没有瞌睡。她一屁股站起来，将座位让给了老大爷，自己站在过道里，盯着那几个小青年的举动。她目光炯炯，像冲锋的战士，像出击的猎鹰。片刻，又有个小青年要下手了，对象是一个正在酣睡的小姑娘。

她怀里的包被那小青年轻轻拿下，正准备翻找钱呢。女人一声大喊说："姑娘，看好你的包！"姑娘醒来，愤愤地夺过自己的包，翻看一下，见没少什么，感激地朝女人点点头。

因为女人的监督，到终点站了，几个小青年还是一无所获，只得垂头丧气地下车了，临走还狠狠地瞪了女人几眼。女人心里却偷着乐呢。

女人和丈夫刚刚走在回家的路上，忽然一辆摩托车横冲直撞朝女人开来。丈夫眼疾手快，抱着女人顺势滚到一旁。摩托车无奈地远去，车上的人还在骂骂咧咧。

惊魂未定，丈夫询问女人。女人猜想是那些小青年的报复，便如实说了车上的事情。丈夫指着女人鼻子骂："你呀，以为自己是侠客呢。你知道他们有多猖獗吗？如果今天你孤身一人，你一定遭殃了！"女人想想，出了一身冷汗。心里却万分高兴，并没丝毫后悔。

虽然被丈夫责骂，女人却改不了侠义性格。那是一个深秋的夜晚，女人和丈夫在滨江路上散步。在跳舞的人丛旁边，忽然传来一个孩子凄厉的哭声。

女人钻进人群，看到个两三岁的小男孩正在哭着找妈妈。女人不由分说，赶紧上前，叫停了震耳欲聋的音乐，借助喇叭问："谁的孩子丢了，快来领呀。"没人应声，片刻音乐又起，孩子还在啼哭，嗓子都哑了。女人和丈夫耐心地蹲在孩子面前，询问他的家庭住址。孩子懵懂无知，只指指远处的一片高楼，不停地哭泣。

"报警吧，只有那样最稳妥！"丈夫这次和女人不谋而合，首先拨通了110，详细描述了所在的位置。女人呢，赶紧拉着孩子，先给他买了零食，再一个劲儿地哄啊，劝啊，孩子却不歇气地哭着，听得女人心如刀绞。

深秋的凉风里，女人感到了丝丝寒意，她赶紧将孩子搂进怀中，裹进了风衣里。孩子却认生，拼命挣脱后，还瞪着亮亮的大眼睛，警惕地看着她。

跳舞的人群散去了，警察也终于等来了。刚将孩子交给警察，一个女人跌跌撞撞地跑来了。原来，她只管逛街，竟弄丢了孩子。母子俩抱在一起，

哭作一团。

看到那一幕，女人眼眶也潮潮的。丈夫搂过女人瘦削的肩膀说："老婆，看来，做点好事真是幸福啊。看看人家母子团聚的幸福样儿，我觉得刚才做什么都值了！"女人心头一热，忍不住借着朦胧的路灯，给了丈夫一个飞吻，并得意地说："我说嘛，总得有点侠义精神才好呀！"

那个女人是我一个朋友。但其实，或者就是你，就是他，都不重要。重要的是：总得有点侠义精神，这个世界才更美好。朋友，你说呢？

在尘埃里开出花朵

同学聚会，已是中年。茶楼里，团坐一群，谈笑间，说到了那些年的校花评选。那时候，青春年少，是虚荣心作祟，也是男孩子们对美丽女孩心仪的寄托方式。

她浅笑，凝神谛听。那是她少年时心中的一个梦想，一个谜团。她想知道，那时的校花该是谁。

大家让她猜猜。她羞涩地笑着说："我心中的校花有好几个。"

大家哄笑说："校花怎么会有几个？"

她愈加脸红说："真的，那时心中，我的偶像，就是我心目中的校花。"

男生们纷纷闹嚷说："那就说来听听吧，看同性相斥下的校花评选标准和我们有何不同。"

她指着旁边打扮时尚的蓝说："她就是我心目中的美丽校花。"众人神秘地看着她笑。她继续说："那时候，她家境殷实，总是穿得最时髦，打扮得最光鲜，气质清新，简直是我心目中的女神。"

"哎呀，你把我吹上天了。"蓝不客气地擂了她一粉拳说，"我有你说得那么好吗？那时，就是跟风，别人穿什么我穿什么，哪懂得气质啥的？"

"真的。我甚至做梦都希望拥有你那样几件漂亮的衣裳，穿着，在校园里展示自己。可我只有两件换洗衣服，还不中意，怎么也打扮不出你那样的效果。"她羞赧地笑着说，"还记得吗，我曾经偷偷模仿过你，改装了一件旧衣服，却总不如意，便没再东施效颦，只得专心读书了。"

"还有呢？"男生们饶有兴趣。

"菊子，那时候，她最爱笑，明眸皓齿，酒窝圆圆的，是大家的开心果。记得吗，每次班里的文艺演出，她总是最积极，而且嗓音甜美，模仿邓丽君，惟妙惟肖。我现在都记得：甜蜜蜜——哎呀，我依旧是粗粝嗓子，不唱了，丢人！"

菊子抚掌大笑："哈哈，你心中的校花竟然是我？你太没品位了。知道吗，那时候，我可自卑了，成绩在班里上不了台面，总拖班级后腿，我还想过留级呢。"

她诧异地看着菊子说："不可能吧，我看你成天笑得花儿一样。"

男生们依旧穷追不舍："还有呢？"

她脸红了说："还有一个，是男生，算吗？"

"男生？哈哈，也算，看你怎么把男生评选为校花的？"一群男生笑得前仰后合，东倒西歪。

"我说了你们别笑嘛。那时，他长得英俊高大，体育最好，成绩也不错，乐于助人。我看大家都喜欢他。那样好的人缘，我尤其羡慕得要死。猜猜他是谁？"

男生们七嘴八舌说："你那条件，仿佛每个男生都是。张海？李默？朱志？"她都摇头否认说："他没来呢，真可惜了！"

原来，她说的那个校花男生已经去了，因为一段孽情，杀人后自杀，早早结束了自己的生命。那时，她还暗恋过他，总觉得，他会是一个阳光上进、不折不扣的好男人。

她说："我的校花说完了。你们呢？"

男生们竟然异口同声地说："你就是我们的校花！"

她瞠目结舌，半晌说："别开玩笑了。那时候，我是最自卑的，没有富裕的家境，没有花容月貌，没有过人的才艺。为了弥补那份遗憾，就拼

命学习，想以此忘掉自卑，找点做人的尊严。你们，别忽悠我了！"

"真的，这么多年过去了，为何要忽悠你呢？那时，男生们在集体宿舍里，半夜里打分评选的！"一个男生眼神肯定地看着她。

"真的？我有哪些好？"她满心惊诧和好奇。

"你学习最刻苦，成绩最优秀，虽然不善言辞，但说话轻声细语，特别温柔，对人真诚，从不像其他女生飞短流长。有一次捐款，你捐得最多，男生们说，你心地肯定善良。谁不想找个温柔善良又积极上进的女人呢？哈哈，说真话了！"一个男生坦诚地说。

她激动得眼泪都要出来了，因为自卑，她曾经拼命读书，用成绩聊以自慰；因为自卑，她不喜欢说话，害怕招人厌烦；因为自卑，她曾经饿着肚子捐款，只想引人注意；因为自卑，她轻言细语，尽量把自己低到尘埃里。可是，她竟然是男生心目中的校花！

聚会结束，回到学校，作为校长，她把自己的故事告诉了她的学生们。她说："孩子们，每个人都是校花，只要你在努力，在进步，在证明自己，在朝着未来的方向！尽量不要看低自己，因为每个人都有优点，都是别人心目中的校花。就算你现在低到尘埃里，也要努力开出花朵来！"

有梦，才有远方

　　她和姐姐在村里都长得花朵般美丽，成了村里男孩梦里的常客，嘴边的歌谣，眼里的风景。为此，姐姐常常得意地对她说："妹妹，凭着漂亮，我们每个人都可以嫁个好男人，一辈子生儿育女，过上幸福的日子。"看到满足和骄傲书写在姐姐眼里，流泻在姐姐青春娇媚的脸上，她心里很疼。

　　她有自己的梦想，却不敢告诉姐姐。那就是走出大山，去寻找祖辈的女人们没有经历过的生活。她绝不再像机器一般生儿育女，一辈子日出而作日落而息。她要去寻找美好的生活，寻找真正属于自己的幸福。

　　家贫，让村里孩子早早地学会了自强自立，给自己挣钱交学费，置办嫁妆。

　　屋后是绵延的大山，村里孩子纷纷去山里寻找挣钱的门路。她和姐姐也不例外。春天，上山采药材；夏天，到溪里摸鱼虾；秋天，到树上摘松果；冬天，到山道上捡牛粪。所有能够变卖成钱的事情，大家都做。

　　可每次所得，姐姐都买了新衣裳，穿得漂漂亮亮，吸引了更多男孩激动的目光。她却默默存着，说有用处，舍不得花。

　　那些活计，都得历尽艰辛，吃尽苦头。可为了梦想，她总是笑着应对。她深深记得那个采摘松果的秋日。

　　周末，早早地上山。到山高林密，乃至人迹罕至的地方，才有未被大

量采摘的松果。

穿越层层荆棘，跋涉陡峭的山道，才到达目的地。姐姐喋喋不休地抱怨，说她心高气盛，何必非得挣那么多钱。她不言语，只默默地从这棵树攀越到那棵树，再像猿猴似的爬上高高的树巅。

那是一棵足够一人怀抱的大树。她骑马式地蹲坐在树杈上，左右开弓，像身手敏捷的猴子，不停地采摘。金风吹拂，心潮荡漾，想到就要实现的美丽梦想，她不由高兴得忘乎所以。啪嗒一下，竟然从高高的树上坠落，摔得半天没有声息。姐姐凄厉的哭声唤醒了她。她揉揉红肿的屁股，拍拍昏沉的脑袋，擦擦脸上的血迹，转身又朝树上爬去。

姐姐号哭着拉住她问："你不要命了吗？要那么多钱干什么？如果要，我的也给你，只是告诉我，你存下那么些钱干什么？"

她看着姐姐含泪的眼睛，清晰地一字一顿地对她说："姐姐，我要离开大山，我要自己挣钱交学费，读初中，读高中，还要读大学！"

姐姐惊骇地张大眼睛，仿佛看着天外来客。片刻，姐姐忽然哈哈大笑，说："你是在做梦吧？咱们这山里，这村里，祖祖辈辈的女人们都这么过来的。生在大山里，长在大山里，嫁进大山里，然后生子，劳动，最后死了，埋在大山里。这样有什么不好？你偏偏做那些白日梦？你不累吗？"

她将姐姐的嘲笑扔到身后，咬咬牙，再次爬上了大树。剧痛并没有让她哭泣，姐姐的一通讥讽却让她躲在密叶间，悄悄地哭了。而心中那个梦想，却因为这次泪水的浇灌，愈加地茁壮成荫。

多年后，姐姐如愿以偿，嫁给了大山里一个壮实的男人，生了三个孩子。挣扎和妥协，贫穷和疾病，让她早早地凋谢了青春，走向了衰老。而她，却真的永久地走出大山，走进了大都市，成了一个活得风生水起的成功女人。

她是我的一个文友。说起往事，她自己也感叹唏嘘："那时候，如果没有那样的梦想，我绝不会走出大山，走到人生的远方！"

每个人都在现实里扑腾，如鸭子，只满足戏水的快乐，一辈子只会在池塘转悠。如果怀揣着梦想，孜孜以求，坚持不懈，敢于到大海弄潮，劈波斩浪，终究会到达成功的彼岸，梦圆远方。

做生活最好的主角

　　她出生在安徽蚌埠普通的工人家庭。幼时便怀揣着艺术梦想，可阴差阳错，她只考取了一所普通的水利中专学校。毕业后，被分到偏远的地方，做了一名普通的治水工。

　　也许生活本该是普通的，可她的心里却揣着不普通的梦想。那颗梦想的种子在她心里顽强地生根发芽，蔚然成荫。她要让那梦想开花结果，长出一份美丽的人生来。

　　别人都觉得捧着铁饭碗，就应该满足了，可她偏偏觉出了许多的不如意，是那种骨子里的孤独和落寞。多少个值夜班的晚上，她总爱眺望远处灯火辉煌的城市，她渴望到那里去实现自己的梦想。虽然和同事们热热闹闹地在一起，可她总感到自己的灵魂游离在外，在苦苦地寻找她曾经的梦想，那就是从事文艺工作。

　　因为出色的表演才能，她终于被上级水利部门发现，去了工会做文艺宣传干事。然而，她仍旧不满足于现状，她想改变，她要改变，于是，就拼命地学习，努力在各方面提升自己。

　　终于，艰辛的付出有了回报，机遇垂青了她，她考上了梦寐以求的北京电影学院。

　　她说，那时候，走在陌生而又熟悉的校园里，她常常禁不住热泪盈眶，

为自己的成功，为命运的厚爱，也为着那份梦想的实现。

可是，熟悉了大学生活，她又有了新的梦想，那就是要做最好的演员。她只是一个普通的毛丫头，怎么能一步登天呢？那就踏踏实实地一点一滴地付出吧。

于是，还在读大学的时候，她就勤奋地接演了许多不起眼的小角色，全是没几个正脸儿的，甚至是不露脸的，可她无怨无悔，都全力以赴。

也许是她的勤勉和敬业感动了上苍，也许是她的不懈努力将自己打磨成了宝玉，她终于闪耀出了熠熠夺目的表演光芒。从此，她拍了一部又一部热播海内外的电影、电视剧。

然而，她依旧有着遗憾，为什么不能做国际影星，像巩俐、章子怡那样走出国门，走向世界呢？对，那才是自己一直追求的梦想。那样梦想着，她就那样努力着。就这样，2006年，她拍演了那部叫《立春》的电影。

电影讲述的是一个叫王彩玲的丑陋女人，为着自己的美好梦想坚持不懈、奋斗到底的故事。她说，她喜欢剧中的女主角，看到她，仿佛看到了自己当年的影子。王彩玲长得不是一般的丑，她丑到没有男人追求，丑到周围没有朋友，可这并不妨碍她追求自己的梦想。她梦想当一名出色的歌剧演员，唱出国门，唱向世界，唱到她最渴望的巴黎去。为着这份梦想，她矢志不渝。她卖命地练唱，卖命地向各级文艺团体推销自己，尽管吃了许多闭门羹，受到许多冷眼和嘲讽，可她从未放弃。就这样坚持着，她最终梦想成真。

她本来是那么漂亮，可为了心中如王彩玲般美好的梦想，她冒着可能患糖尿病的危险咬牙增肥三十斤，宁愿让化妆师将自己化成了一个十足的丑女人，丑得连自己都认不出自己了。这部承载了她全部心血和汗水的作品最终真的帮她圆梦了。她摘得了罗马国际电影节影后的桂冠。

她，就是著名影星蒋雯丽。

其实，生活就是一出大戏，在这个舞台上，只要你心中有梦，只要你执着追求，只要你艰辛付出，你就可以做最好的主角。

生命的舞蹈

很小的时候，她就发现了自己跟别人不一样。其他女孩可以背着花书包，穿着花裙子，兴高采烈蹦蹦跳跳地上学去，可她却一个人孤孤单单地坐在小板凳上，眼巴巴地望着她们欢蹦乱跳的样子。家里有两个比自己大不了多少的姐姐，每当看到她们穿着漂亮的花裙子，在她面前快乐地旋转，快乐地舞蹈，她小小的心就揪痛：为什么，我不可以和她们一样穿着裙子上学呢？

她将这个疑问抛给了母亲。母亲搂着她，眼泪汪汪地说："可怜的孩子，你得了小儿麻痹症，不能穿裙子不能上学呀。妈妈多么希望看到你穿着裙子跟姐姐们上学去，可是……"看着母亲哗哗流淌的泪水，她就知道自己那个穿裙子的梦想真的遥不可及。

可是，天生的不服输，天生的倔强，让她决定要尝试穿上裙子行走，满足自己的心愿。于是，穿着花裙子飞舞旋转的梦想就像一颗种子，牢牢地在心田里扎根开花结果了。

那天，趁着姐姐们上学，母亲上班，没人在家的间隙里，她靠着那张小板凳的支撑，慢慢爬到了姐姐装裙子的箱子边，悄悄拿出了那条她梦寐以求的漂亮花裙子。

她艰难地撑着小板凳，艰难地穿上了裙子。那一刻，她的心里乐开了花。

她多么希望像姐姐那样在镜子前面来个漂亮的旋转，让裙子像小鸟一般飞舞起来。可她不能，她唯一能做的只能用凳子支撑着自己不倒下，对着镜子欣赏自己穿上裙子的可爱样儿。然后，她竟萌生了一个念头，她要像姐姐那样穿着裙子到街上去走走。想了就做吧，她撑着小凳子慢慢地艰难地朝前挪动。

一路上，她看到人们惊讶的表情，看她就像看着一个小小的外星人。她却笑了，歪着小脑袋得意地笑了：我终于成功地穿上裙子，而且让大家都看到了！

中午回到家，她正带着满心的喜悦要告诉母亲自己胜利的感觉，却看到了母亲满脸的阴郁、满脸的责备。母亲说："你怎么可以穿裙子？妈妈说了你不能穿的。你看你把姐姐的裙子全都弄脏了，还磨破了。"她这才发现，由于裙子长长地拖在地上，边缘满是尘土，裙边还被磨破了。

看着母亲又是责备又是心疼的眼神，她倔强地一昂头说："她们能穿裙子，我为什么不能？我就能，我要穿！妈妈，你也给我做一条吧！"

母亲被她的倔强感动了，真的为她做了一条长裙：漂亮的大摆，如满满绽开的荷叶。那时她已经拥有了一辆轮椅车。她可以在孤独寂寞的时候，穿着裙子，独自慢慢摇着轮椅上街去，看人们各种各样"欣赏"的目光。她很满足，虽然知道终究跟别人穿着裙子不一样，可是实现了心愿，这就足够了。

不仅穿裙子，她还化妆，擦最鲜艳的口红，梳最飘逸的长发，戴最美丽的项链。她把自己打扮得像公主一样漂亮，坐着轮椅跟朋友一起去酒吧，一起到迪厅。

她深深记得第一次进迪厅的情景。那晚，她打扮得花枝招展，和伙伴们兴高采烈同行。可走进迪厅，看着大家潇洒地送胯、扭腰、摆臂、旋转，她第一次有了怯懦，只得悄悄躲在角落里小声地哼歌，慢慢地旋转着轮椅，享受着自己的独舞。

然而，心里终究有个声音在呐喊着：冲出去，你能行！于是，片刻的犹豫后，她终于勇敢地摇着轮椅，和着欢快的旋律"舞"到了舞池中央。闪烁的灯光，旋转的人流，她紧张极了。

就在这时，人们发现了她。舞池中央自动地空出一片空间来。跳舞的人们围着她，热情地鼓掌，然后，都围着她的轮椅舞蹈着，旋转着。生命就在那一刻灿烂绽放。她和他们融合在一起，转动着轮椅，舞动着双臂，舒展着腰肢。旋律是那么流畅，音乐是那么悠扬。

舞着跳着，她的眼里有了丝丝泪光。她终于明白：只要勇敢去尝试，生命原来可以有这么多的美好！

后来，她做了举重运动员。就是这份向生命挑战、勇敢尝试的信念支撑着她，让她创造了许多生命奇迹，多次打破世界残疾人举重纪录，十四次获得残奥会举重冠军，创造了很多正常人都无法企及的辉煌。她，就是包头市残奥会世界冠军边建欣。

原来，以热爱做主题，以坚强为旋律，把执着当道具，即使残缺的生命，也能舞蹈出精彩和美丽！

半个月亮

一场突如其来的车祸夺去一条腿。原本乐观开朗的他，从昏迷中醒来的那一刻，心中就充满了绝望：只有一条腿，而另一条腿虽然保住了，却带着严重的残疾，能不能行走，全靠后天的恢复和锻炼。他原本有着许多美好的梦想，创业伊始，事业才开端。可是梦还没有飞翔，就折断了翅膀，他该怎么办？

从医院回到家，他整日地僵卧床上，不想锻炼，也不愿出门。日子就那么灰暗地溜走了。

那天，妻子强迫他坐到了轮椅上，替他打开电脑，知道他爱唱歌，便点了歌曲给他听。在优美动听的旋律感染下，他的心情慢慢平静，便信手在网上寻找着自己喜欢的歌曲。当然，灰暗的日子里，他需要的是色彩亮丽的歌曲。当听到那首名为《半个月亮》的歌曲，他尘封的心门被豁然打开了。"……不再彷徨，不再惆怅，不再为失去的痛断肝肠……"听着振奋人心的旋律，听着满含哲理的歌词，他的心如冰封解冻的高原，终于在歌曲的阳光里春暖花开。生活的信心和勇气也缓缓地开始破土萌芽。

听着那支歌，唱着那支歌，他慢慢走出了生活的阴霾。日子终于阳光明媚，一片生机盎然。从那以后，他主动要求妻子推着轮椅到户外活动、锻炼。尘封已久的微笑重新绽放如花，周围的人都说他变了，变得乐观开朗了。虽然那久未锻炼的残肢已经有些僵硬，可有着坚强生活信念的支撑，他咬紧牙关，忍受着锥心剧痛，坚持着一点一点地锻炼着唯一的那条腿。

我要站起来，我要潇洒地行走在人生的路上，尽管不能飞翔，哪怕爬行前进，我也不能丢掉梦想！为着那份信念，他硬是在短短的时间里让那唯一的一条腿得到了恢复。在拐杖的支撑下，他终于成功地站起来了，而且勇敢地迈出了新的人生脚步。

后来，装了假肢，他终于可以独自走动了，虽然还有许多痛楚。拄着拐，拖着假肢，他勤奋地奔忙在新的征程中。经过几年不懈打拼，他拥有了一家小型化工厂。和员工们摸爬滚打在一起，尝尽了创业的艰辛，却也收获了事业的成功，还拥有了乐观上进的人生态度。

他自己演唱并出资录制的《半个月亮》歌碟，在街头成功签售，获得利润十几万。当他听说了自己所在城市的一个的哥身患重病无钱治疗，并对生活心灰意冷时，他亲自将歌碟送上门，鼓励安慰他要振作起来对抗病魔，并当场捐助了一万元。的哥在他的故事感染下，终于勇敢地走出了生活的阴霾。后来，他将获得的十几万利润全部捐献给爱心基金，专门用来救助那些需要帮助的人。而今，他的歌碟还在火爆签售。他说，所有的收入会悉数捐献，他只希望自己的爱心能够拯救更多的人走出困境，也希望他的故事让更多的人能够懂得：生命有时可能遭遇残缺，如同那半个月亮，但我们要用坚强的信念让它努力散发出满月的光亮。

他，就是朱文。他告诉我们：人生，就算成了"半个月亮"，也不要彷徨，不要感伤。只要心怀梦想，只要拼搏向上，半个月亮也能散发出满月的美丽光芒。

人生就是一部电影

　　一所偏远闭塞的乡村中学。那个年代，多年不出一个人才。所谓人才，就是考取小城师范或者中专学校的。老师懒于教学，学生疏于上进，日子就在平静暗淡中度过。

　　难得的精神牙祭，是看一场电影。人们对于电影的渴望和欢欣，甚至超越了过年。只要附近农家有电影播放，老师会毫不犹豫地放了学生，让他们去享受宝贵的精神盛宴。

　　她每每缺席电影现场，总是想方设法推脱同学的邀约，独自待在教室里。夜晚，教室里静如空谷，阒然无声。一盏如豆的油灯，在夜风里摇曳，孤独地陪伴着她。她在演算，在思考，在背诵。时而托腮凝思，时而展颜欢悦，时而奋笔疾书，时而低声吟诵。空荡荡的教室里，只有她的声息在回荡，在播散。

　　一只小老鼠好奇地在房梁上张望，因为专注，竟然啪地掉落课桌边。她吓得脸色煞白，小老鼠也惊慌逃窜。

　　多年后，这些细节被她写入了电影剧本，成为最生动温暖的讲述。可那时，她也心生凄凉，耳畔有隐约可闻的电影对白。她甚至闭眼就能感受到精彩的情节。可她不能亲临享受，那份煎熬，可想而知。她从未退却，因为心里有梦。

那时，她在班里不算起眼，成绩中等，长相一般，虽有梦想，却不敢声张，只得默默掩埋。那个年代，农村的女孩，能够初中毕业，然后顺利地嫁人生子，已是幸运，不敢别有奢求。可她不，她有梦。

好不容易有了千载难逢的看电影机会（那时，农家贫穷，能够请人放电影，除非殷实的人家婚丧嫁娶之时），她却经常缺席，肯定让人生疑。

前两次，她对盛情邀约自己的同学说："哎呀，我肚子疼，真的不想去。要再感冒了，咋上学呢？"看电影在野外，幕天席地，称为坝坝电影。夜凉如水，夜露湿衣，常常有人被冻病了。别的同学听她说生病，不好强求，只得黯然离去。后来一次，她又说："那电影我早在村里看过了。"让她讲述情节，她便做痛苦状，说自己笨，忘掉了。

渐渐，她的谎言被戳穿，好友日渐疏离。那个大集体里，大家习惯了懒散怠惰，习惯了安于现状，习惯了享受玩乐，因为勤奋上进，她便成了异类。

孤独之际，她主动远离。紧临校园有一条小河。她常常去河滩学习，独坐礁石，面迎河风，背书，做题，复习功课。成绩如春韭日渐茁壮，友情却如冬日的阳光，渐渐稀薄。她干脆成了独行侠：独自在晚自习后的教室里加班加点，让昏黄的油灯将鼻孔熏得乌黑；独自在回家的山路上背书，把唐诗宋词、公式定理、英语单词撒得满坡满岭；独自在喧闹如市的宿舍里，苦思冥想一道道久未求解的数学题；独自在课间操的韵律里，拼命回忆快要遗忘的知识。

拥有这个故事的，是我的一个朋友。而今，她已是一位成功得令人艳羡的电影编剧。

她在领奖致辞里说："其实，那时候，我酷爱电影，几乎成痴。就是因为在村里看过几部自己喜欢的电影，我的青春梦想便被熊熊点燃。我想做演员，想做编剧，想拍电影。可在农村，说出那样的梦想，会被人讥笑为疯癫。我悄悄地奋进，默默地努力，只为用青春去追赶一个梦。如果人生是一部漫长的电影，青春就是前期的铺垫和伏笔。没有青春时的苦心铺垫，哪有人到中年时的精彩照应和美丽结局？"

善待人生中的苦难

　　人的一生苦难多多。而苦难，是人生中最好的老师，也是人生的一笔财富。它是流动于深层的地火，经过你的升华，就会绽放出一道壮丽的风景。

　　四川省安县有个农民女作家雍晓华。她没有耀眼的本科学历，也未能出身于书香门第。是什么造就了她的精彩？是苦难，是一场绝对可以把人击垮的人生苦难。

　　那时，刚刚高中毕业的她不幸被拐卖到了内蒙古的一处穷乡僻壤。作为初出校门、怀着美好憧憬的她，无异于掉进了暗无天日的陷阱。她曾努力呼救，不断地逃跑，却被一次又一次地抓回并承受着牲口般的凌辱和暴打。当对逃跑失去信心的时候，苦难就如一张巨网笼罩了她的全部生活。

　　也许，她可以在苦难中一蹶不振，进而苟且偷生，因为那份打击实在太沉重了。可她没有，却将那段苦难和屈辱交织的岁月偷偷地记录了下来。熬过了一个又一个漫漫长夜，她终于将自己的亲身经历凝练成一部血泪史，铸就了一部反映被拐妇女不幸遭遇的长篇小说《孽缘绝情》。

　　当得知那部记录着她人生屈辱的书稿被批准出版时，她幸福地哭了。那和着十年辛酸十年磨难的泪水，终于有了一丝甘甜。那甘甜就是用苦难酿造的。正是那部凝聚着人生苦难的小说，奠定了她在文学界的地位。被营救返乡后，她又一鼓作气，创作了长篇小说《村野情迷》和《乱世情仇》，

在文学上获得了丰硕成果。

是啊，每个人的人生路上都不免遭遇坎坷和挫折。这些被我们称为苦难的东西总在不知不觉中影响着我们的人生轨迹。

饥饿，寒冷，母亲的离去，祖父的暴力，破碎的家庭，冷酷的社会环境。这一切苦难，他都坦然承受。在做童工的岁月里观察人生百态，在流浪乞讨的日子里感受人情冷暖。他将苦难研磨成墨汁，饱蘸着，浓浓写就了世界名著：《人生三部曲》。如果没有苦难经历，就没有他笔下苏联原生态生活的叙写和描摹；如果没有苦难的磨砺，就没有日后笑傲人生的坚忍和强大。他就是世界著名作家高尔基。

他们也用苦难成就自己。海伦·凯勒在黑暗的世界里看到了人生最美的阳光；张海迪用残缺的躯体创造了完美的人生；霍金用他枯死的身体与宇宙进行着最鲜活的对话……

苦难就是一笔人生财富。只要你善待苦难，用坚强做锄，用乐观做铲，坚忍不拔地挖掘，苦难矿井的深处也许便有惊喜和奇迹发生。

一个人的接力

　　孩子满月时，她才发现自己日思夜盼的宝贝竟然也是眼盲。她哭了，疯狂地抱到医院检查。医生说，非常不幸，孩子也遗传了你的先天性眼盲。那一刻，她觉得天塌地陷。想到自己因为眼盲而遭受的诸多辛酸和不幸，她不寒而栗。正在她痛苦万分时，丈夫竟然因为孩子的残疾而决然离去。

　　一个眼盲的女人拖着一个眼盲的孩子，吃着国家低微的残疾救济金。作为男人，儿子未来将担负更多的责任和压力，他能承受吗？他会为此遭受多少白眼和辛酸？想到此，她摸索着将孩子抱上了六楼的楼顶，打算和襁褓中的儿子一起离开这个世界，让自己解脱，也让儿子解脱。

　　就在她准备跳楼的时候，居委会的大妈看到了，冲上前，夺过她手里的孩子，质问道："这么多年了，你是怎么坚强走过来的？为什么就不能咬咬牙跨过这一步呢？有什么困难咱们居委会可以帮你，你怎么能选择走这条路呀？"一顿训斥，如醍醐灌顶，她决定好好活下去，为了儿子，做一个称职的母亲。

　　从那以后，她精心地照料儿子。虽然生活清贫，虽然困难重重，她都坚强地挺住了。儿子一天天长大，聪明懂事。

　　一天，她带儿子去餐厅吃饭。儿子嚷着对她说："妈妈，我要吃牛肉。"她悄悄附在儿子耳边说："好孩子，咱们就吃面条，听话啊。"她清楚，就那点生活补助，是不敢大肆开销的。

儿子却大声对她说："妈妈，怕什么嘛？咱们这个月吃完了，马上又可以领到救济金了。"她猛然僵住了：幼小的孩子，早就知道依赖救济金了。长此下去，小小的他定会养成好逸恶劳的品性。这样下去，孩子将来怎么办？就一辈子领救济金吗？她不敢想象。

从餐厅回到家，她想了很久，决定重新创业，就为给儿子做个坚强自立的榜样。于是，她找到居委会，请求帮忙宣传，她要在家里开办盲人按摩室。以前，她学过盲人按摩，还多少懂得一些技术。为了开好店，她再次拜师学艺。不久，开起了按摩店。

因为服务上乘，收费低廉，开张不久就生意兴隆。那天，因为没有验钞机，收钱时，凭直觉，她感到收了一张假钞。可她是盲人，又缺乏证据，还只得给人找补了八十五元真钞。她说，那一刻，心痛得流血。想着创业以来的东奔西走，想着里里外外忙活的辛苦，想着每天就着泡面度日的艰难，她真想放弃。她关起门狠狠痛哭一场，想到得为儿子做榜样，又擦干泪水开始了奔忙。

功夫不负苦心人，经过几年打拼，她现在已经开了三家按摩分店，拥有了几百万资产。儿子在她的感染和熏陶下，已经成长为一个能干上进的大小伙子。记者采访时，儿子充满深情地说："妈妈是个称职勇敢的好妈妈，我很佩服她，也很感激她对我的付出。我要学习她顽强不屈的精神，好好做一番事业，做一个自强不息的人，报答她的养育之恩！"

采访快结束时，她睁着暗淡无光的眼睛，却神采飞扬地总结了这样的一段话："我们每个人的人生就是一场一个人的接力赛，没人会帮忙接过你手里沉重的接力棒。只有你坚持着一棒一棒地跑，咬紧牙关地跑，胜利的喜悦才会最终属于你！"

走过人生之冬

岁月有序，四季更迭，人生亦有春夏秋冬。岁月之冬萧瑟难耐，寒风凛冽，人生之冬也让心灵冰冷，情感冻结。如何走过人生之冬？

儿时，每每冬日，手背上便遍布冻疮。红肿的疙瘩翻滚，如丑陋的癞蛤蟆背脊。一旦寒气逼人，寒风肆虐，冻疮便奇痒难忍，禁不住拼命抓挠，就溃烂不堪，脓血横流。

为了不耽误学业，年少倔强的我，便用一方小小薄薄的手帕包扎，聊以遮挡寒意侵袭。无奈整日书写，加之手帕被脓血浸透，磨蹭得皮肉生疼。最难忍受的是夜里，疼痛，奇痒，烧灼，让人辗转反侧，难以成眠。

更难熬的还是晚睡前，因为白天的包扎，手帕被脓血死死粘贴在皮肉上。加之双手溃烂肿胀，如发酵的馒头，甚至形如巨锤。要脱下棉袄，得先褪下腥臭的手帕。那过程，好比林黛玉攀登珠峰般艰难。

一天夜里，父母像往常一样，让我将手帕连同两只手浸泡在温水里，希望沿用先前的办法，让手帕自动脱离。可是，夜深了，手帕依然死死地紧贴皮肉，纹丝不动。父亲索性让我闭眼，他想使劲帮忙拽下来。可稍稍用力，我便疼得杀猪般号叫不止，吓得父亲也悚然一惊。那个深夜，如豆的油灯，陪伴着我和父母，在灶屋的火塘边，久久地等待。直到鸡鸣三更，才好不容易慢慢将粘贴得牢固无比的手帕褪下了。看着鲜血淋漓的双手，看着红肿溃烂的伤口，我的泪水滚滚而下。父母也长长地叹息不止。

第二天，伤口的剧痛，让我无法起床，我第一次不得不请假。躺在床上，听着屋外呼号的寒风，想着无比挚爱的学业，想着繁重的课程，想着一直位居前列的优异成绩，我的泪水潸然而下。那一刻，我感到了惧怕和绝望。我在孤独中泪湿枕巾。

就在我灰心丧气之时，邻里的同学放晚学了。他们三五成群赶来家里看望，还给我带来课堂笔记、老师布置的作业，还有他们并不生动形象的讲解。

我已经万分感激了。我甚至悄悄含着泪水，学完了他们帮忙补习的功课。

那以后的每一天，我开始振奋精神，在被窝里学习，把枕头当成课桌，用稍稍能够活动的仅仅完好的两根左手手指，艰难地夹着半截铅笔演算，写写画画。累了，就躺下哼哼老师教的歌谣；困了，就想想曾经活蹦乱跳的学校时光。

就这样，漫长的冬天，我在被窝里，在同学的帮助下，学完了一个学期的功课，学会了上进，学会了坚强。等到春暖花开时，我的人生之冬已然消失，人生的春天也悄然来临。我又回归了快乐的学校时光，找到了曾经的成功和幸福。

那是在初中校园。一直有引以为豪的骄人学业，一直是同学眼中的佼佼者。可在初二的冬天，因为醉心于看小说，我从云端坠落，摔得血肉模糊，竟然位居年级后列。同学的白眼，老师的冷遇，让我如坠冰窖。我整日以泪洗面，甚至不思茶饭。曾经的辉煌，美好的梦想，憧憬的未来，仿佛在那一刻都化为了泡影。

我彻底迷失了自己，神情恍惚，不思学业。

那天，背着背篓去山里拾柴火。那是一片莽莽苍苍的大山。我在悬崖上发现了一株遒劲挺拔的松树。贫瘠的土壤，狭窄的石缝，凌厉的山风，丝毫没有动摇它的根基。它生机盎然，一片苍翠，如巨人般雄视远方。我

凝目仰望，良久沉思，幡然醒悟。

再回到学校时，我重新找回了自己，重新投身于拼搏，醉心于学习。半年时光，成绩如那悬崖之松，在艰难的突击中挺拔如旗。我终于找回了尊严和自信。

那是我最为惨烈的一个人生之冬。好端端的孩子，刚刚降生十多天，我还沉浸在初为人母的喜悦里未能回过神，便猝然夭折。打击犹如晴天霹雳，生活顿时天塌地陷。我几欲失去生活的勇气。

在黑暗里挣扎之时，是邻里和亲朋及时扶助。他们给予最为"残忍"的安慰之法。——将自己人生最灰暗，或者最窘迫的遭际，甚至有几个朋友还含泪将曾经失去孩子的往事翻出来，晾晒在我面前，只为了告诉我：这个世界上，还有更加不幸的人和最为悲痛的事。

他们用自己的痛苦为我疗伤，终于让我渐渐痊愈，走出了生命低谷，走过了人生之冬，看到了暖暖春阳和艳艳春花。

而今，走过无数的人生之冬，蓦然回首，终于了悟：人生不免都有冬天，但只要坚守向上的信念，只要吸纳人情温暖，只要执着前进的脚步，人生之冬，终归能够顺畅走出，拥抱春暖花开，相约草长莺飞。

辑五

留手余香胜玫瑰

二十四小时的快乐

一觉醒来，回味着昨夜美丽的梦。凭栏推窗，窗外鸟声啁啾，婉转悠扬。天籁之音清澈如水，你在免费欣赏一场顶级交响乐。空气清新，如被洗涤，有花香淡淡飘绕，携着小巷里豆浆油条的香味，沁人肺腑。快乐，是自然的。

走在上班途中，与你同行的，是一队活蹦乱跳的小学生，背着鲜艳的书包，穿得五彩缤纷，脸上绽放着葵花般的笑容，叽叽喳喳行进着，欢笑着，如一群欢快飞翔的鸟儿。你看到的是希望，是生机。旁边的公园里，那一群着白衣素服的老者，鹤发童颜，白髯飘飘，抱拳，推掌，屈身，一招一式，极尽美感。你看到的是夕暮生命如晚霞般的灿烂和壮美。快乐，理所当然！

随着拥挤的人流，你被裹挟进入公交，一位长发姑娘被人踩住了脚跟的尖叫吸引了你的目光，你伸出手掌，在她后背轻轻一推，她挣脱踩踏，跨进了车厢，在涌动的人潮中，她向你深情地回眸一笑，那感激的笑容如春花般灿烂；一位蹒跚移动的老者，在你的搀扶下，终于安静入座，一迭连声的致谢里，老者绽放的笑容如百褶菊般美丽；身旁大嫂一边忙碌照顾啼哭的孩子，一边慌张地照看包裹，你微笑着帮她抱起孩子，看到孩子的甜美笑容，看到大嫂轻松的笑纹……快乐，油然而生。

走进单位，看到同事微笑的面庞，看到上司朝你亲切地点头致意；打开电脑，新收的邮件里有朋友来自远方的牵挂和问候，有陌生人的祝福和

惦念；忙碌了一个上午，终于完成了一件棘手的工作，看到同事欣赏的目光，看到上司赞美的笑容……想不快乐，都难！

四合的暮色里，街灯璀璨，如彩色流淌的银河；对对情侣亲昵地依偎着漫步，耳鬓厮磨，喁喁情话；老人相扶相携，亲亲热热，笑语声声；推开家门，娇儿欢悦着扑上来，爱人深情地帮着打理旅途的尘迹；灯光温馨，桌上美肴热气腾腾，香味氤氲；吃罢晚饭，与爱人一起收拾碗筷，一起拾掇家务，说说一天的收获和见闻，谈谈彼此开心的事情；夜渐渐静下来，安顿好老人孩子，与爱人相拥而眠，美梦又在沉醉的夜里，与你不期而遇……

一觉醒来，回味着昨夜美丽的梦。快乐的一天，就这么，快乐地过去了！

给心灵投资

男人功成名就，不仅身家显赫，麾下的企业风生水起，而且是个颇负盛名的慈善家。为探寻男人的成长历程，记者特地采访他的母亲。

记者说："老人家，大凡成功之人，总少不了优秀的家教。请问在儿子小时候，您对他做过怎样的教育投资？"记者是针对时下风起潮涌的培训班说的。母亲笑了，老人已经风烛残年，却思维敏锐，表达流畅。她说："要说投资，我给你讲几个小故事，你看算不算吧。"于是，老人娓娓道来。

那时，总和孩子一起施舍。

有一次，给孩子买零食的钱就装在他的衣兜里。旁边是个喷香的烤鸭摊点。熟透的烤鸭味道，香气扑鼻，让人垂涎三尺。孩子拽着我要去买烤鸭。可近旁，一个衣衫褴褛的瘸腿老乞丐，在寒风里冻得瑟瑟发抖。我对儿子说："你看老爷爷多可怜呀。你已经吃饱饭了，看他的样子，估计还没喝口汤呢。咱们把这钱捐给他吧。"

小小的孩子，如何经受得住美食的诱惑？他眼馋着烤鸭摊，脚步朝那里悄悄挪动着。听了我的话，便迟疑地停住了。半晌，又将步子挪回来，怯怯地对我说："妈妈，我把烤鸭买了给老爷爷吧，他肯定饿坏了。"

儿子说完，小跑着去了烤鸭摊，片刻回来，怀里抱着纸包的酥脆烤鸭，浓香四溢。他毫不犹豫地将那烤鸭递给了老人，转身拉着我的手就走，仿佛生怕被烤鸭的香味粘住。

我看到他眼里浓浓的渴盼，便为他买了只烤鸭腿递过说："这是妈妈奖励你善心的。孩子，以后要记得多做善事啊！"

院子里跑来只流浪的小狗，瘦骨伶仃，楚楚可怜。调皮的孩子欺负它，打得它嗷嗷直叫，东躲西藏，几欲毙命。我让儿子护住小狗，亲自狠狠教训了那些野孩子一顿，然后，和儿子一起，将小狗抱回家。给它洗澡，为它备窝，调配狗食，缝制衣衫。小狗在家里欢快地成长，成了儿子最可心的玩伴。有好吃的，他先给小狗；有好玩的，他和小狗分享。小狗长大了，儿子的爱心也长大了。

风雪之夜，看到街角卖臭豆腐的老人，我和儿子各自买了两串。我不贪吃，只想让老人卖完早些回家。临走，儿子问："老爷爷，雪这么大，你怎么不回家呀？"老人慈祥地笑了，说："快了，孩子，等卖完这十多串，我就回了。"

儿子听罢，将我拉到一旁，恳求说："妈妈，我爱吃臭豆腐，要不，我们全部买了老爷爷的？"我欣然点头，掏光兜里零钱，买下所有的臭豆腐。儿子一路雀跃着，我知道他并不喜欢吃臭豆腐！

日常生活里，我和儿子一起去敬老院做义工，一起搀扶盲人过马路，在公交车上给腿脚不便的人让座，在马路上为迷路的孩子找家。

"就这样，一路走来，他就长大了，长成了如今的样子。"老人说完，欣慰地笑了。

记者感动了，动情地说："老人家，您这是最好的投资呀。给心灵投资，让善心成长，您的儿子如何不优秀呢？"

是呀，生命如同商业，需要投资才有回报。如果给心灵投资善行，投资爱心，长出的定是参天大树，抵御风雨，护佑人生；开出的定是艳丽鲜花，芳香袭人，美丽世界。

蒙尘的镜子

这是一个真实的故事。

女孩没事的时候总爱往镜子前面站。照着照着，女孩就照出许多不如意来，觉得自己鼻头大了些，嘴阔了点，光洁的脸庞不知何时有了稀疏的雀斑……女孩便有了烦恼。女孩常常对着镜子说，我是不是天底下最丑的女孩？如此下去，女孩的心理压力一天比一天大。终于有一天，女孩觉得自己实在坚持不下去了，就去求助心理医生。

从心理医生那里回来，女孩像变了一个人似的，有说有笑，灿烂的笑容不时挂在脸上，显示着青春女孩的蓬勃生机。

女孩的生活变得忙碌而有序，渐渐地，她也忘却了那面镜子。直到有一天，一个男孩给她送来了鲜艳欲滴的玫瑰，女孩才激动不已地再次走到镜子跟前。她想证实自己是否真的值得那位长相帅气的男孩的爱恋。看到镜中的自己，女孩大吃一惊。她没想到自己竟然变得如此漂亮：菜青色的脸庞白皙了许多，小雀斑也不知何时消失得无影无踪。女孩激动得直想流泪，她简直怀疑自己是不是灰姑娘找到了水晶鞋。

于是，她忍不住取下镜子仔细地擦拭起来——她要看清美丽的自己。镜面渐渐清亮，镜中的自己也一点点清晰。天啦，原来是镜子经久不用，蒙尘太厚，镜面的灰尘掩饰了自己的缺点：自己一点儿也没变漂亮。

女孩失望了，失声痛哭。

她再次找到了心理医生，满腹心酸地诉说着自己的苦楚。心理医生笑着说："还记得你第一次来的时候，我对你说的那席话吗？"

女孩想了想说："你让我半月之内不照镜子，同时注意调理心情，就会慢慢好起来。"

医生依然是面带微笑，说："上次你来的时候，我想告诉你，一个人的容貌是先天决定的，是不以人的意志为转移的，并且一个人的美不仅仅表现在面容上，更为重要的是要有美好的心灵和健康的心态。但就当时的情况看，你很不容易接受我的观点，于是我就让你半月不照镜子。半月的时间，镜面上积下的灰尘足以掩盖脸上的雀斑。没想到，已经走出了阴影的你又回到了从前。"

女孩不好意思地笑了笑，说："谢谢，我明白了。有些时候，收藏起一面镜子，会使自己少却更多的烦恼。"医生肯定地点了点头。

这是一个真实的故事，这个女孩就是我。那以后，我不再去关心镜中的自己，快乐地工作和生活着，不仅收获了一份幸福的婚姻，事业也取得了成功。

一口皮箱

那时候，我正在城里读高中，乡下的母亲来学校看我。她提了一口很精致的皮箱，箱里装满了我爱吃的东西。看着那精致的皮箱，我先是有些惊异，继而才明白是我的那封信起了作用。在那封信中，我一再请求母亲来的时候要收拾得体面些，免得让同学笑话。想不到她还真将这当回事，可我知道家里的经济情况是不允许有那么一口皮箱的。

母亲看我疑惑的眼神，悄悄地说："这皮箱是我在镇上工作的你大伯处借的。"我听了心里暖暖的，连忙从母亲手中接过那口精致的皮箱，在同学羡慕的目光中轻飘飘地穿过。那一刻，贫穷曾经带给我的卑微和痛苦仿佛都一扫而光，留下的只有无比的自豪和尊严。

临走那天，我提着皮箱送母亲到了车站附近的街口。母亲进站去买车票，让我提着皮箱站在街口等她。

站在人流密集的街口，我明显感到了过往行人都在朝我行注目礼。那些目光热热的，亮亮的，将我一下子罩在了耀眼的光环里。特别是几个穿着时髦、长相英俊的男青年从我身旁走过，他们的目光里有那种肆无忌惮的热烈，看得我脸热心跳。

面对那些热辣辣的目光，我顿时飘飘悠悠，恍恍惚惚，像终于中举的范进，得意得目空一切，觉得自己仿佛由一只默默无闻的丑小鸭变成了人人艳羡的白天鹅，不由自主地沉醉于那份不加掩饰的青春虚荣里。

当我从沉醉中回过神来，才猛然发现脚边的皮箱不见了。原来那几个时髦青年"欣赏"的并不是我本就平凡的外表，而是那口精致的皮箱。我顿时觉得五雷轰顶，天旋地转，惊惧差点儿将我击倒。在二十世纪八十年代初期的农村，一口像样的皮箱绝对是农家人可望而不可即的奢侈品。

我哭了，哭得声嘶力竭，肝肠寸断，可一切都晚了。

我永远记得母亲那天的表情：痛苦中带着绝望！

数十年过去了，我总常常忆起那口皮箱，忆起它，我便忆起了虚荣所带给我的那份至今还刻骨铭心的痛苦和曾经带给母亲的深深的伤害。因为那口皮箱难以言说的丢失缘由，母亲只得将那事对父亲严严实实隐瞒了起来，借钱为大伯买了口一模一样的新皮箱，然后便一个人悄悄地节衣缩食，慢慢才将那笔因我而欠的债务偿还掉。

有人为贪恋物质的虚荣而丢失亲情，有人为贪恋情感的虚荣而丢失真正的爱情，有人为贪恋权力的虚荣而丢失起码的人格……而我值得庆幸，那次丢失的，仅仅是口皮箱！

左手生活的时光

一次偶然，右手受伤了，为了不影响工作，只得吊着绷带走上讲台，吊着绷带让生活运转。

时光已逝，右手痊愈，早就"走马上任"了，左手也已光荣地"下岗"，可那段用左手生活的时光却一直镌刻在记忆里，历久弥新，让人回味悠长。

我竟然学会了用左手写字，是以前万万不敢设想的。

那些日子，我苦思冥想：怎样让沉睡的左手熟练而优雅地书写？为了不让黑板光秃秃的，像不毛之地，为了给精彩的讲述锦上添花，我开始尝试在黑板上书写。还记得当时多么别扭呀，像小脚老太太突然穿上了高跟鞋。我的左手颤抖地握着粉笔，在黑板上勾画着，书写着。那粉笔像架初涉田地的犁铧，在黑板上歪歪扭扭地耕作着，留下了不太端正的线条和"田垄"。那些字，质朴得像幼儿园孩子的信笔涂鸦，又像一群刚学游泳的小蝌蚪在羞涩胆怯地甩动着尾巴。

那天，写着写着，突然信口询问学生："同学们，老师写得好吗？""写得好，比右手写得都好呢！"学生们竟然异口同声地回答。我简直飘飘然，几乎喜不自禁：我第一次尝试着用左手写字，竟然比右手写得还好吗？

虽然知道是学生们的恭维和肯定，是一份善良和安慰，我还是乐呵了许久。那以后，走上讲台，竟平添了许多的底气，俨然成了得到奖励的学生，要在老师面前再接再厉呢。

为了回报那份深沉的爱戴，我决定刻苦地练习用左手书写。课余，便在纸上不停地勾画，不停地摹写。渐渐欣慰地发现，字体竟像玉树临风的男子，凭空地挺拔了许多。再上讲台时，意外地收到了学生的纸条。纸条里说：老师，您的字写得越来越漂亮了，我们都很喜欢呢。您吊着绷带给我们讲课，带给我们多少感动，多少鼓舞呀。我们决定努力学习，报答老师您的辛苦付出！

以前只生气于学生的顽劣和懵懂，突然发现他们竟有那么温暖而细腻的情愫，颇感欣慰。

如果不是左手写字的时光，我怎么会体悟到学生们那份纯洁可爱的情怀呢？

生活的忙碌，让我和丈夫的情感也疏于交流。可自从用左手生活以来，那些远逝的温馨重新回到了婚姻里，让我备感欣喜。

那些日子，右手不方便，每天早上总难以打理长发。他便握着木梳，一下一下笨拙地为我梳理。动作虽僵硬变形，神态却万般专注虔诚，像在经历一项庄重的仪式。梳理几下,还俯身低问:"梳得痛不痛？痛就轻点吧。"

透过梳妆镜，我看到两人就那么亲近地倚靠在一起，而中间隔着黑瀑般的柔顺青丝。眼前突然幻化出古装戏里的情景：我仿若就是千百年前那个"巧笑倩兮"的女子，正温柔羞涩地透过镜子凝视心上人为自己梳理青丝，等待绾成妩媚的发髻，如翻滚的云霞，如黛青的峰峦，如起伏的波涛。

那一刻，尘封的温情突然绽放，场景一幕幕回放：花前月下的依偎，清风夕照里的漫步，相伴夜读的默契，喁喁情话的温馨。所有的过往瞬间铺展，开成美丽的花朵，那般灿烂，那般芳香。

从那以后，平淡如水的日子仿佛重新有了浪花，有了波澜，甚至有了惊涛拍岸的激情。

如果没有左手生活的时光，或许婚姻慢慢就如死水般沉寂下去，甚至成为腐水一潭。重新回归生活的美丽，这不是意外的收获吗？

儿子一直懵懵无知，顽劣如猴。那些日子，小小的人儿，看我吊着的厚厚绷带，竟沉默安静了许多。处处小心翼翼，生怕碰疼了我。还常常冷不丁地用满是爱怜的眼神看着我问："妈妈，疼不疼？"我说不疼，他就快乐地咧嘴笑了，仿佛比获得珍贵礼物都高兴。有时又问："妈妈，你的伤怎么老是不好呢？"我说快了。他就轻轻地叹气，低声说："快点好吧，好了你就能用右手吃饭了。"

那次在楼下，他抢过我左手中沉沉的提包，费力地替我扛着，一口气爬上楼去，还回头得意地对我做鬼脸，仿佛在说，你看，我已经是男子汉了！我由衷地笑了。

晚上，儿子会匆匆地端来洗脚水，埋头柔柔细细地替我搓洗，仿佛一个称职的洗脚工，生怕顾客有些许微词。看着埋头专注洗脚的儿子，我的心头热浪翻滚：他真的长大了，懂得了体恤和呵护！

吃饭时，儿子不仅替我添饭，还拿根小勺，要热情喂我呢。那天，违拗不过，只得由了他。他一勺一勺地喂给我，小心地，轻缓地，脸上满是关切和爱意。看儿子神情专注的样子，眼前恍惚看到他幼小时，我一勺勺小心翼翼地给他喂饭的情景。羊羔跪乳，乌鸦反哺，这些美丽的典故，竟在我身上演绎着。那一刻，我的眼里有了莹莹泪光，那是幸福和激动，是欣慰和喜悦呀。

如果没有左手生活的时光，或许，儿子的乖巧和成熟，我还得多等待些年月吧。

生命中，我们总在抱怨失去，殊不知，有些失去，反倒带给我们意想不到的收获，让人惊喜，给人幸福，比如这左手生活的时光。

清理生活

为了迎接上级检查，要求每个办公室彻底清扫。不得不在百忙之中开始了清理。

办公桌下一只满满当当的纸箱子，打开来，仿佛一下子走进了过往岁月。里面的东西五花八门，应有尽有。我慢慢地翻检，细细地清点。

先是最近几年的一些教学用书，上面已满是密密的灰尘和细细的皱纹。翻开来，有详详尽尽的批阅和笔记，以及随手写下的一些教学感想。在一页的角落里，我看到了这样的文字：今天，我根据课文内容延伸讲解了断臂小女孩的故事，当我充满深情地讲述之后，很多女生的脸上都挂满了泪珠，而有些男孩的眼里也泛起点点泪光，原来，善良可以唤醒善良，爱心可以培育爱心。读过那段文字，我的眼前又不由浮现了教学那课的一些感人片段。

接着是那本厚厚的教学反思日记。里面清楚地写着上完每一课的感受和学生的反应。在教学《我与地坛》的那课反思里，我这样写着：当我将一个又一个浸润着深情、浸润着爱心，甚至浸润着血泪的母爱故事讲给学生们的时候，我看到了他们眼里真切的感动。孩子们也充满深情地讲述了自己母亲对自己的好。那些曾经点点滴滴被他们忽略、被岁月封存的母爱细节全都被激活了，唤醒了。有几个孩子讲着讲着还忍不住哭了说，曾经

没觉出母亲对自己的好，觉得一切都是理所当然，现在才明白母爱的珍贵，以后要学会珍惜，学会感恩，不能像作者那样留下终身遗憾。我在文中写道：听着学生真诚的表白，我才知道，爱和感恩的习惯都可以浇灌，都可以栽培。

又找到那一大摞曾经边买边读的书籍。信手翻开一本，上面有清楚细致的评点，还有一些即兴而写的小诗，轻灵美好，煞是可爱。

还有一本学生写得较好的作文。看看那些熟悉温暖的名字，看看那些工整娟秀的字迹，眼前又浮现出他们清澈的眸子，生动的笑颜，隐隐牵出一些思念，暖心暖肺的。孩子们已经毕业，远走高飞。这些作文就是留给我的最好的纪念。那些作文被我保留着，原是想要结集出版的，可迟迟没有时间。我想这次清理出来，是应该给个交代了。

箱子快到底时，又找出一些明信片，是已经毕业的学生在节日里邮寄给我的。那些温馨美丽的文字，那些真诚温暖的祝福，还是让我悄然动容。看着看着，眼前便又浮现出和他们朝夕相处的岁月，亲切温润，清晰如昨。

还有一叠学生写的认识和检查。那些文字后面都有我真切的批注。有一页上这样写着：相信你能很快改掉这些坏毛病，因为你本来就是个好学生。人难免犯错，可贵的是能知错就改。老师相信你能给我一份惊喜！看着文字，我就想起了那个曾经冥顽不已，却又聪明过人的孩子。在我的耐心教育下，他已顺利地考取了重点大学。记得拿到通知书的那天，他打来了电话，在电话里颤抖着声音说："李老师，我终于明白了您的良苦用心！我永远感谢您的教育和培养！"那一刻，我也忍不住喜极而泣。

再往下翻检，我闻到了一股刺鼻的霉味。小心地翻看着那些霉变的书，有些心疼。有些书年代久远，却舍不得丢掉，保管至今，免不了腐烂的命运。

翻着看着，忍不住一声惊叫：箱子最下层竟然有一堆蟑螂，大的小的，密密匝匝，像是一个庞大兴盛的家族。心情降到冰点，先前翻检的好兴致也一扫而空。平日里最讨厌蟑螂，没想到它们竟然大张旗鼓地在我的领地繁衍生息。如果不是这次清理活动，也许它们还会世世代代发展下去。

不忍杀生，赶紧将箱子底朝天提起来，眼看它们顷刻间惊慌溃逃。

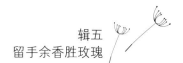

　　清理完所有，我毅然扔掉了那只快要霉烂的箱子，将东西重新做了处置：那些曾经制造了许多美好记忆的依旧留下，而那些应该遗忘的坚决扔掉。最后，只用了一只小小精致的箱子盛装精华。一下有了轻松愉悦的感觉。

　　清理完东西，幡然领悟：生活也是一只内容丰富的箱子，得定期做做清理，翻检一下美好的记忆，扔掉一些生活的垃圾，以免滋生像蟑螂那样的恶虫。

清理心灵的"雾霾"

周末，在家翻箱倒柜，清理杂物：一些废旧书报，落满尘埃，内容早已过时；惨遭淘汰的衣服，孤零零地塞满了衣橱，害得新买的衣物无处安身；一些瓶瓶罐罐，在橱柜里心安理得地占据着重要位置，害得新购的调料和食材，只得屈居外面，忍受风餐露宿；阳台上密密匝匝地堆满了废旧纸箱，让人无法插足，只得对窗外的好风景望洋兴叹。

半天的忙乱，半天的疲累，终于将那些早该出门的东西驱赶一空，家里顿时变得清清爽爽，整整齐齐，有条不紊。书柜上，那些废旧书报，终于不再障人眼目，自己钟情的名著列队迎候，阅读即取，方便惬意；衣橱里，打开即是喜欢的衣物，再也不必手忙脚乱地翻找，让人疲惫不堪；橱柜里，排队列阵的，是新鲜食物和调料，崭新的包装，清香的味道，让人心情大好；阳台上，开阔明亮，片刻驻足，便可以清洗心情，放牧视野，让市井的热闹驱赶独处的寂寞。

房间如此，心境亦然！

清理怨恨。因为怨恨，占据了我们的心空，让快乐无处安放。每当看到那人，想到那事，怨恨便不由如春草滋长，葳蕤满野，遮蔽了灿烂春花的绽放，掩盖了善良种子的萌发。当我们拔除怨恨的野草，把心地清空，种上鲜花，插上稻谷，心灵便可以花香四溢，丰收在望。

　　清理后悔。往事已经过去，时光不会重来，与其后悔，不如将后悔的时间用来打拼现在，方能收获更好的未来。一味地沉溺往事，只会白白耗费光阴，让未来陷入更多的后悔之中。也许你已经后悔错过了日出的壮丽，但因为没有抓住现在，又错过了日落的绚烂；也许你已经后悔错过了春天的山花烂漫，但因为没有看守现实，又错过了秋天的满野金黄。

　　清理挫败感。失败已然过去，如果投入现在的奋斗，未来可以收获成功，失败便会成为回忆和谈资，乃至给未来提供宝贵的教训和借鉴。但一味躲藏于失败的阴影里，不肯走到阳光下，你的日子永远不会天高云淡，日丽风和，更不会看到草长莺飞，柳绿花红。

　　清理名利欲。一味地追名逐利，在现实里疲累奔忙，却丢掉了自己真正想要的生活，远离人生况味，便得不偿失。心空只有固定的容积，当过分地塞满名利的欲望，便会挤走对生活享受的兴趣，对亲人呵护关爱的情感，对朋友热情帮扶的侠义，对生命体味欣赏的雅趣，对父母感恩回报的机缘，对自然亲近交流的时光，对人类文明吸纳消化的精力。

　　凡此种种，如心空里的一片片乌云，累积如山，便会大雨倾盆，浇透我们的生活，淹没我们的人生。如果驱赶净尽这些情绪的"雾霾"，我们的心空就会万里无云，和风丽日。

你害怕了吗？

朋友商海弄潮发迹，买了部奥迪。在高速路上，他稳稳把牢方向盘，开得中规中矩，慢条斯理。眼看周围一辆辆低档汽车纷纷风驰电掣，叫嚣着超越，绝尘而去。不由为他鸣不平，疑惑发问："你为何不尝试一下飙车？如此高档的家伙，却开得这般悠闲，岂不浪费？"他轻轻笑着说："不瞒你说，我害怕开快了！"

朋友本性幽默，以为又玩笑耍酷呢，可侧眼观察，他却满脸严肃。见我疑惑，他语气凝重地说："我是真正的害怕啊。不少车祸发生，都因为车速过快，目睹飙车致残，乃至家破人亡的惨象。每当想到那些凄惨的场景，想到家中老小等待我平安归去，想着一个堂堂大公司等待我打理，想着几百号人等着我发薪水，我就害怕出什么事情，自然而然，车速就慢了。不是夸张，是真正的害怕！"说完，他专心致志地开车，车速依然是"悠然自得"。

不由想起另外一个故事。

他主持着一个庞大学校的工作，在当地可以呼风唤雨。朋友聚会，大家每每叫嚷着让他签单，他却讪笑着自己掏腰包，从来不肯揩公家的油水。有人说，他是故作正经。他却笑了，说："我胆子小，害怕出事儿！"大家笑问，就几百上千块，能够出多大的事情？他说："积沙成塔，我要是

156

签单成了习惯，那就不只是几百上千块的事情了。久走夜路必遇鬼，东窗事发是迟早的事情。如果你们想让我在校长位置上多坐几天，多享受享受指挥别人的虚荣，那么，请别逼我了！"事后，他感叹说："眼瞧着周围同人因为贪图私利锒铛入狱，深深替他们难过，不仅毁掉一世英明，连儿孙也蒙羞受辱，何苦来着？生活清贫也罢，富贵也好，都是过眼云烟，但名节可是死后盖棺论定的事情，丝毫马虎不得！"怪不得，他的学校发展得欣欣向荣，事业如日中天，名声自然也冰清玉洁，皆是因为"胆小怕事"呀。

一个同学，经营着一家农庄，自称所有饮食皆是绿色原生态的。大家每每聚餐，照顾他的生意，便开玩笑说："你这水果要是被农药化肥浸泡过，谁的肉眼能够看出来？"同学笑着说："你们的肉眼看不出来，但我的良心看得出来呀。做人嘛，总得讲点良心。如果真的掺假，虽然钱赚多了，但我害怕受到良心谴责！"故此，他的农庄经营得风生水起。

你害怕了吗？人生总得有些害怕。因为害怕，你可以拒绝某些人为的灾祸，某些损害名誉的行为，某些良心受到责罚的行径，让自己生活得平安愉悦，幸福祥和！

留手余香胜玫瑰

朋友的女儿内向木讷，小小孩童，总是将自己关在屋里，不肯出门，也不爱和小朋友交流。朋友看在眼里，急在心里。老师说，再不好好引导和教化，孩子有可能得自闭症。朋友见过自闭症孩子：不苟言笑，无声无息。有那样的孩子，让家长如坠深渊。朋友毅然辞职，专职带孩子。

一个事业心超强的女人，突然只和孩子厮混，落寞可想而知。于是，她主动对邻居说："反正咱们两家孩子差不多大，如果你们相信，就交给我吧。只带女儿，我闲得无聊。"邻居大喜过望，千恩万谢，赶紧将一个调皮活泼的小男孩交给她，还承诺每月支付辛苦费。她坚决推辞，她知道邻居家经济捉襟见肘，老人瘫痪，又刚买了房子。

多个顽皮好动的孩子，生活仿佛也多了生气。朋友带着俩孩子一起上学，接他们一起回家。在路上，俩孩子总是叽叽喳喳地谈论学校的事儿。不爱说话的女儿也禁不住男孩的"引诱"，仿佛将深藏内心的所有美好想法都掏出来了。她常常静静地走在俩孩子身后，听他们谈论幼儿园的趣事，听着听着，便忍俊不禁。女儿看她笑了，也回报一个大大的灿烂的笑容，像一枚小太阳。邻居常常下班很晚，小男孩就自然地把朋友的家当作自己的家，不客气地搬弄所有玩具，还边摆弄边解说。俩孩子一起捉迷藏，一起讲故事，一起做游戏。屋里笑声朗朗，童语喧喧，如鸟雀归巢。

　　渐渐地，老师说："你女儿在学校变得爱笑了，还常常主动在班里讲故事，给小朋友表演节目呢。"朋友听了，欣慰地哭了。当邻居激动地向她表示感谢时，她反倒泪眼盈盈地说："其实，最该感谢的是你们家小孩。他彻底改变了我的女儿，让她变得活泼开朗，变得爱说爱笑了！"

　　不由想起了另外一个小故事。新东方创始人俞敏洪在北大读书时，四年如一日地给宿舍免费打开水，免费扫地。最后，甚至某一天忘记打开水，宿舍同学会自然地提醒说："俞敏洪，你怎么还不打开水呀？"俞敏洪说，末了，他已经习惯做那些事情，而且乐在其中，并不觉得吃亏。几年后，当他想要创立新东方，到国外寻求支援时，他满心惶恐，害怕那些同学断然拒绝。出乎意料，他们答应得干脆利落，毫不犹豫地放弃国外的优厚待遇，和他一起担负白手起家创业的艰辛和风险。他很感动，却不明白自己魅力何在，询问，对方给出的理由很简单："俞敏洪，我们能够回来，主要冲你四年免费为我们打水、扫地的情意！"

　　也许你的付出是不经意的给予，也许你的付出是善良天性使然，但不管怎样，你付出了就有收获。赠人玫瑰之手，经久犹留余香。在更多时候，我们收获的余香，往往美比玫瑰，艳比玫瑰，香比玫瑰！

不是每个人都能坐过山车

    陪儿子到成都欢乐谷玩耍，接触的第一个项目就是过山车。它有个非常雅致的名字，叫穿越地中海。S形的麻花样高空跑道，看上去险峻雄伟又旖旎多姿。从未到过地中海，那是一片神秘而诗意的地域。这个游戏命名者颇有智慧：谁不想穿越地中海去领略异国风情？游戏名让人怦然心动。

    去的时候，正有满满一车的人游戏启程了。看他们在空中翻滚尖叫，声音此起彼伏。眼瞧着男男女女的头发在风里飞扬。女生的长发呼啦啦地飘飞，如旗帜一般猎猎舞动。最高空的弯道处，所有人头和四肢全都倒悬着，像倒挂金钩的猕猴。可是，没有猕猴幸福的欢叫，只有一片惊恐的尖叫，四处弥散，听得我心里一揪一揪地疼。

    我不禁心生惧怕，怯怯地问儿子："他们是被吓成那样吗？"十一岁的儿子豪气地告诉我："哪里？他们是快乐地尖叫呢。妈妈，你不懂的，那才叫刺激！"我小声对儿子说："我有点儿害怕。"儿子扫视一眼周围排队的人们，对我说："你看，有些年龄比你还大得多呢，我才十一岁都不怕，你怕什么？"听过儿子的话，有点无地自容。那么多人可以享受的事情，我为什么要害怕呢？去就去吧。

    游戏开始了，先放好包，坐进车里。儿子要坐第一排，我说咱们坐中间吧，潜意识里，坐中间仿佛有众人护着，增加安全感。坐定，工作人员检查护在小腹部的保护杠。我心跳如鼓，忐忑不安。喇叭里传来播音员的祝福：希望大家玩得愉快！话音没落，车启动了。

我两手死死抓紧胸前的扶手，还好，开始的时候车速较慢，只感觉心跳加速而已。瞬间，速度快起来，风驰电掣。我的手像要脱落开来，只得更拼命地抓紧。风呼呼地吹，只来得及扫视一眼前面更加险峻的跑道，车就呼啸着冲上了一个顶点。哗一下，陡然又落下去，感觉像突然被人猛地推下悬崖。下落时，仿佛跑道格外漫长，不敢看沿途的风景，只死死闭着眼，埋着头，总感觉要被从座位上摔下去。人被倒悬着，五脏六腑都要扯出来。心脏撕裂般地疼，无法呼吸，像要窒息了。只在心里默念着：快点儿结束吧，让我下去，让我下去！其实，我是清醒地知道：上来了，就选择了恐惧，选择了痛苦，还必须选择忍受。

我甚至不敢睁眼看看坐在旁边的儿子是什么状态，原本想着他在旁边，我会有安全感。那一刻，在空中翻滚折腾时，才知道自己是多么孤立无助。胸口憋闷得像要马上死去，明白了什么叫生不如死。

在下面欣赏别人时，有向往，甚至艳羡，可身临其境，竟是如此难受。后悔充塞大脑，但更多的是如恶魔一般难以驱逐的痛苦煎熬和无穷无尽的恐惧折磨。我死死闭紧眼睛，觉得仿若经过了一个漫长的世纪。

终于停下来时，眼泪涌出来，被风刮的，是恐惧的纪念，也是痛苦的结果。胃里翻江倒海地想呕吐，四肢酸软无力，像踩在棉花团上。人都走光了，我蹲在墙角，无法站立。儿子虽然也眼泪汪汪，却说是给风吹的，还一个劲地安慰我。

找到一处凳子坐下，胃里还在翻涌。就在头顶上，又有一列过山车呼啸穿行。我甚至不敢抬头看那些尖叫的人，仿佛一看到他们的姿态，就觉得自己又被倒挂上面，欲生不能，欲死不得。

名为欢乐谷，却是我痛苦的诞生地。我不仅懊恼，也在思考。是呀，

在自卑的
废墟上开花

人生有多少如"过山车"一般美丽迷人的东西，但别人能享受的，我一定能享受吗？其实应该清醒，我有晕车的毛病，有恐高症，不应该去的，可因为艳羡他人，我竟然鬼使神差地去了，留下一段噩梦般的记忆。

生命中很多美丽的"过山车"，不是每个人都能坐的，尤其是名利的，金钱的，美色的。

生命的本色

窗台上一盆小小的兰花，单薄的绿色叶片，修长秀顾。等待良久，终于绽放了两朵白色的小花，也是柔弱的样子，像深闺中未经风霜的女子，我见犹怜。只浇清水，从未施肥，却凭空开出两朵花来，清香盈室，甚感欣慰。心里也有淡淡的歉疚，觉得薄待如此，竟有如许花朵的厚爱。

那一夜，儿子尿急，嚷着上厕所。迷糊间，不经意瞥见窗台的那盆兰花，在漆黑的夜里，竟有耀眼的星星点点的白，如稀疏的星辰一般，愈发地感动和欣喜，不由心生一念。

想起儿时，听大人说，童子尿是最营养的，能治病，能入药。于是，将花盆从窗外端进，置于儿子脚下，让他将尿撒在盆里。生怕有所闪失而造成浪费，我索性拉亮灯，端起盆，对准儿子那股"喷泉"，让那"琼浆玉液"全部流泻进盆里，丝毫无损。

重新睡下，心中甚是惬意。瞥一眼窗外，仿佛看到了明晨的霞光里，那感动于我厚爱的兰花，又会报恩似的开出几朵漂亮的花来。

然而，第二日醒来，揉揉惺忪的睡眼，没见新开花的迹象，倒是看到整盆兰花无精打采的样子，像睡眼惺忪的瞌睡人。心想怕是营养多了，一时没吸收完，正在调整生物钟呢。

两天过去了，兰花不仅没调整过来，竟病恹恹地失却了精神，花和叶

子都耷拉下来，叶片甚至出现了焦黄的颜色。我心里惶然，忙着请教邻居。他们笑着说："那纯粹是营养过剩，被尿液烧死了。"

果不其然，无论我怎么浇灌清水，想努力弥补过错，几天后，那盆兰花还是彻底地去了。

望着枯黄的花叶，我感伤不已。原来，我的良心善怀，我的深情厚爱，不仅没让它茁壮，反而夺去了它的生命。兰若有灵，九泉之下也会责怪我吧，因为它是被我愚蠢的爱杀死的。

歉疚满怀。我本应该尊重兰淡薄的生命。它如隐居的君子，原本是拒绝锦衣玉食的，只愿与清风明月为伴，与雾霭山岚为友，饮山泉，啜孤寂。这就是"空谷幽兰"雅号的得名由来吧，也是它生命的本色展示。

想想历史上那些如兰一般的生命，不也本色如此吗？陶渊明弃官归田，种豆南山却怡然自得，种出了一个文学家的精神和节操；李白淡出朝廷，把酒江湖却安然自乐，把出一个盛唐的诗歌传奇和千古诗仙的美名。

生命如歌，我们要尊重它本色的韵律，方能吟唱出精彩；生命如画，我们要尊重它本色的布局，方能挥毫出灿烂；生命如兰，我们要尊重它本色的精神，方能绽放出美丽。

善良的利息

　　他是个乡村医生，处在穷乡僻壤。他不仅医术高明，医德也很高尚。他不只解除那些穷乡亲身体的病苦，还为他们解除因经济困难而付不了医药费的困窘——不收药费。

　　那天，他细心地替一位风烛残年的老人看完病抓了药，照例转身离去时，老人示意儿子拉住了他："刘医生，好歹咱们给你留个字据吧。咱们欠了你那么多的药费，你竟然一声不吭。这天底下上哪儿找你这样的好人呀？"

　　他淡然一笑："老人家，说什么呢？谁家没个难处？那点药费别挂在心上。"说完转身要走，却被老人的儿子坚持拉到桌边留下字据。

　　多年后，他家遭遇了空前的灾难：房屋被无名大火全部焚毁，妻子也被烧成了重度残疾。那时，由于长期施舍，坚持不收贫苦人家药费，他家困窘不堪。那场火灾，更让他家徒四壁，举步维艰。

　　一个惠风和畅的春日，村里村外的人们自发地组织了一次捐款活动。带头捐款者就是多年前那位老人的儿子。

　　那天，当着大伙儿的面，他含泪讲述了那张欠条的故事。他说，多年来，哪怕就在刘医生最困难的时候，也从没到他家索要过欠款，直到今天。捐款场面很热闹，人们纷纷慷慨解囊，一天下来，竟捐了五万多元。而那时，

165

山村的人们并不富裕。

收到捐款，刘医生紧紧握着老人儿子的手，禁不住热泪盈眶。他说不能因为曾经给予乡亲们的点滴帮助，就要接受如此厚重的惠赐。老人的儿子真诚地说："请收下吧，就当是我们二十年前欠下的医药费利息吧。"

"不能啊，大家都不宽裕。"刘医生百般拒绝。这时，人群中走出一位老者，拉着他的手说："孩子，你多年行善，理应得到报答。收下吧，不要辜负了乡亲们的一番好意呀！"

刘医生哭了，七尺汉子恸哭失声。他知道，那些药费是不该有利息的，然而他却不知道，善良是有利息的，并且无价。

这是邻村一位老医生的真实故事。而今，耄耋之年的他，依然乐善好施。他说，要把乡亲们曾经救助于他的善良，继续延续下去，让善良的利息泽被乡土，让村子永远祥和温暖。

善良的种子

那时，她下了岗，又因车祸致残。为了生活，她倔强地敲开了一家又一家公司的大门。然而，残疾的双腿，脸上难看的疤痕，总让她失望而归。回到家，面对女儿营养不良的菜青色脸庞，她的心就在滴血。为了女儿的未来，她一定得找到工作。

当她敲开第三十家公司的大门，当她又一次无奈转身离去时，一个浑厚的男中音在背后亲切地响起："请等等！"

她疑惑地回过头：一个二十多岁的年轻人热切地盯着她，眼里满是惊喜。她满脸落寞，以为认错人了，蹒跚着想要离去。

年轻人激动地说："大姐，你还认识我吗？"她抬起头，看着面前这个满脸笑意的年轻人，摇了摇头。

"大姐，你再仔细看看，真的不认识了？我是你十年前救助过的三轮车夫啊。"

"十年前？"她疑惑着，努力在记忆里搜寻，可没有丝毫印象：她曾经帮助过许多人，却从不记得。"对不起，年轻人，你认错人了！"她刚走出几步，年轻人竟然追上来，拉住她的手，言语切切："大姐，你别走，听我说说那段往事吧。"

十年前严冬的一个深夜，她带着女儿回家。借着朦胧的路灯，她要了

在自卑的
　　废墟上开花

一辆三轮车。车子上路了，可走得歪歪扭扭。她正要询问原因，突然被狠狠地颠簸几下，将她和女儿摔下了车。师傅赶紧下车将她搀扶起来。女儿被吓得哇哇大哭。

她正要责备师傅，就听到了一个女人尖利的骂声。原来，三轮车碰擦了一辆自行车。自行车主一边詈骂，还一边揪紧了师傅的衣领，要他赔车。她上前查看那女人的车子，是辆旧车，只是被蹭掉点漆。她便劝那女人算了。没想招来一顿辱骂。

一旁的师傅忙带着哭腔说："大姐，我不能拉你了，你走吧。"这时她才发现，车夫是个十五六岁的孩子，穿得很单薄。

她心里酸酸涩涩地难受，赶紧给了女人十元钱，了结了事情。

男孩见她帮自己解围，咚一下就跪下去了："大姐，我怎么感谢你呢？你留个地址，我挣到钱了就还给你！"

她慈爱地拉起男孩，询问了他的情况。原来男孩家在农村，初中没毕业父亲去世了，母亲又得了病，无奈之下，辍学到城里打工挣钱给母亲治病。为了尽快挣到钱，三轮车技术不熟练就上路了。这是他趁夜黑第一次出来拉客人，原想挣点儿钱去住旅馆，不想却出事了。

听了男孩的话，她爱怜地替他擦去泪水说："到大姐家去住吧，先凑合一晚再说。"到家后，她找出丈夫的棉衣给男孩穿上。第二天，男孩临走时，她又拿出家里仅有的五十元积蓄塞到他手里，让他回家给母亲看病，还叮嘱他把骑车技术练好了再上路。

男孩感动得热泪长流，又要给她下跪。她赶紧拉住说："小兄弟，别下跪，只要你记着大姐的话，以后也做个善良的人就行了！"男孩擦干泪，重重地点点头。

从往事中回过神，年轻人泪光闪动，激动地说："大姐，我就是那个男孩呀。"

"大姐，这是我们老总，刚才因为你腿脚不好，所以……但是，我们老总一直是个好人呢。咱们这儿收留的几乎都是下岗工人。"刚才主持面

试的男人忙着对她解释。

年轻人不好意思地点点头:"大姐,我不仅没忘记十年前你给我的帮助,更没忘记你对我说的话。你看,我们公司靠着这些勤劳善良的下岗工人,一直红火着呢!"

她含泪笑了,不仅因为自己得到了那份工作,更为她十年前的那次爱心救助。

这是我表姐的真实故事。而今,她依然善心满满,善举多多。她说,只要勤于播撒善良的种子,就会看到善良之花开遍,善良之果丰硕。

比失去更宝贵的

儿时，家贫，一家人节衣缩食，好不容易让我拥有支钢笔。

那时读小学五年级，对于一个十多岁的孩子，一支新钢笔就像一块宝贝。

我至今记得，那是一支小巧而精致的钢笔，它有着天蓝色的身子。上课的时候，我舍不得多用它，打草稿就用那半截铅笔，往本子上誊抄，才小心地拧开它的笔帽。书写的时候，我不敢太用劲，总轻轻地捏握着，慢慢地书写着，生怕损坏了它。下课的时候，我担心别人会偷了我的笔（因为钢笔贵重，偷笔事件时有发生），便不出去玩耍，就坐在那儿拿着它把玩着，守护着。放学的时候，我总小心地将它揣在书包的最里层。为了钢笔的安全，我甚至改掉了往日疯跑的毛病，背着书包，像个淑女一样慢悠悠走着。晚上睡觉前，也要翻看几遍，看它是否还乖乖地躺在书包里，如此，方能睡个安稳觉。

我如此喜爱的一支钢笔，竟然丢了。记得那天早上起床迟了，为了不受到迟到的处罚，来不及吃饭，便背起书包飞跑。跑过一道又一道田埂，跑过一条又一条小路，像被人追赶奔逃的兔子，我拼足力气，终于在钟声敲响之前赶到了学校。

当打开书包，准备拿出钢笔做题时，我哇的一声就哭了，吓得老师赶紧跑来询问。我哽咽着伤心地说："我的钢笔丢了，大概丢在了路上。"老师一听，也很着急，说："那你找去吧，别急，刚丢的，兴许还在。"

在老师和同学同情的目光里，我哭着冲出了教室，沿着上学的小路疯找。那是个多么明媚的春日啊，可我的心情却灰暗到了极点。我一路哭着找着。土路上，石缝里，草丛中，土块堆，水田边，庄稼地，小溪旁，所有的地方都找遍了，也没找到它的踪迹。

我一路找着哭着，想象着，要是它能通灵性，一下子从某个小草丛里蹦出来该多好呀。可那只是想象。找遍了，找累了，也哭累了，我就坐在路边的大石头上发呆。我不想回学校，更不敢回家，怕母亲打我。

中午了，四处炊烟袅袅，我才感到饥肠辘辘。没吃早饭，加之极度的恐惧和担忧，我觉得头晕眼花，硬撑着胆战心惊地回了家。我不敢告诉家人一切，只在饭桌前匆匆扒拉了半碗饭，赶紧溜之大吉，怕父母看出我异样的表情。

下午到学校，我将平日省下的两毛钱买了支圆珠笔开始写作业。可我根本写不下去，眼前老是飘着那支蓝色钢笔的影子；课也听不明白，脑子里只回旋着那支蓝色钢笔。放学路上，别人欢蹦乱跳，我却依旧紧张地在寻找我的钢笔。

我终于找到我的蓝色钢笔了！那晚，我高兴地从床上跳起来，却是一场美梦。

就在失魂落魄的状态下，我迎来了期末考试出乎意料的差成绩。更出乎意料的是，老师以前只奖给第一名本子的，那一次却奖了一支崭新的钢笔。

当看着别人领奖，我哭了。老师找到我，吃惊地说："你应该稳拿第一的，怎么啦？"我哭着告诉了老师那段时间的心路历程。

老师慈祥地将我搂在怀里，意味深长地说："孩子，你真傻，知道吗，人生中还有许多比钢笔更宝贵的东西。失去了的，永远难以挽回，但我们应该争取比钢笔更加美好的东西呀。比如这次你要是不走神，第一名肯定

是你的，那支钢笔不就又得到了吗？"怕我不明白，老师拍拍我的脑袋说，"记住，生活中，不要为失去的东西耿耿于怀，而导致失去更多的东西。"

从那以后，我从失去钢笔的阴影中走出来，重又打起精神努力学习，终于又回到了第一名的位置，正如老师说的，我不仅挣回了钢笔那样的奖品，还赢得了学业的成功。

是呀，失去一滴水，还可以开掘香甜的甘泉；失去一棵树，还可以培植蓊郁的森林；失去一片云，还可以欣赏晴朗的蓝天。只要不失去生活的信念，只要不失去追求的脚步，只要不失去对人生的爱恋，一切都可以再次获得，甚至获得比失去的更宝贵的东西。

细节之美

听闻新开张的一家火锅店生意火爆，顾客盈门，一顿饭居然有三四茬客人光顾，蔚为壮观。

第一次去，里间果然熙熙攘攘，还有大批顾客坐在大厅等候。其时已过午，宁愿饿着肚子照顾生意，令人匪夷所思。

因为提前一天预订，我们畅然入座。举箸品尝，仿佛味道也和其他火锅店几近雷同。正困惑不解，旁边一微笑站立的服务员热情地近前，细声细语地对我说："女士，对不起，打扰一下。"只见她麻利地帮我将放在桌角的手机，用一透明小巧的塑料套装好，歉意地说，"打扰了。这样免得溅了油污，您请慢用！"

席间，有两个戴眼镜的朋友，在氤氲的水雾里，估计镜片模糊了。为了增加夹菜的准确度，正欲擦拭呢，旁边两位服务员，同时抢前一步，几乎异口同声地说："先生，我来帮您吧！"于是，俩人又步调一致地轻轻拿过两位朋友手里的眼镜，各自用早就备好的细柔布片，细细擦拭了，恭敬地递过，微笑着说："打扰了，您请慢用！"

其间，一个朋友笑言："我老婆都没这么对我好过，简直感动得要哭了！"虽属夸张之词，却道出了真实心声。大家都快乐地笑了，服务员也优雅地微笑。

一个女友的坤包就放在邻近的座位上。服务员却微笑上前，柔声细语地说："女士，请您将包放在面前。来，帮您罩一下，免得弄脏了！"说着，边将坤包移到了朋友近前的座位上，边罩上了玫瑰红的套子，还将坤包的边角都遮盖得严严实实。

另一位朋友呢，披着如瀑般的秀美长发。夹菜时，头发便顽皮地披覆到脸颊，几根青丝险些飞舞进滚烫的火锅里。一位服务员突然转身离开，片刻回来，疾步上前，递过一根橡皮筋说："女士，为了方便您用餐，建议您扎一下头发！"女友正一筹莫展呢，突然雪中送炭，自然喜不自禁，一迭连声地道谢。

其实，仔细品来，这火锅味道与其他店家也别无二致。人满为患的缘由大概就是其中的细节。也许美味诚可贵，心情价更高！

前些日子，网上邮购了一件毛衣，送货也不算太迟，却在毛衣展开时，飘然而下一张卡片。读完，顿觉春意盎然。

卡片上端一行蓝色大字：对不起，我知道你在等！然后是一幅漫画：三个人躬身垂首，眼睑低含，眼角挂泪，彻头彻尾的真诚致歉之态。看过漫画，就算服务稍有差池，估计铁石心肠者皆能原谅吧。

更可贵的，还有如下温馨的文字：亲爱的，从您拍下宝贝的那一刻起，您一直在焦急地等待着自己心仪的产品。对您的这份焦虑，我们表示深深的歉意。您的每一个订单，都是对我们的信任和支持。我们不敢奢求您的原谅，但还是发自内心地对您说声"对不起"！多么可心的话语，多么温柔的致歉，多么周到的服务。

我想，因为这份难得的细节，顾客会与日俱增。我呢，一如既往地支持那家公司的产品，就因那张温馨的卡片，那些细腻的文字，那直击人心的细节。

细节之美，美在细致周到，美在温暖熨帖，美在动人心弦。

辑六

营造诗意人生

营造诗意人生

每个人的生命，从落地的那一刻，都是庸常而平凡的，但只要你用心打点，精心营造，你的人生便可以花香弥漫，诗意盎然。

她是个普通的农家妇女，长相也很普通，就如乡村的一棵小草，一粒尘土。可她却活得悠然自得，怡然自乐。

她和弟弟合开一家面粉厂。她负责管理账目。每日里忙碌如旋转的陀螺，疲累如耕作的老牛，可她总是乐呵呵地笑。她说她有自己快乐的精神家园。

那日去看望她。在机器轰鸣的车间里找到她时，她满脸白花花的面粉，身上也花花搭搭，像个精心打扮的圣诞老人。她却咧嘴一乐，露出满口洁白的牙齿，笑着说："你看我，从来不注意形象，忙起来，更顾不上了。"我也笑了："你形象很好啊，工作着，就是最好的形象。"

本来可以只清闲地管理账目，可她闲不住，一没事儿，就急着钻进车间，和工人们忙成一团。她说："人活着就是做事的，闲着会憋出毛病来。"

繁忙之余，她还喜欢读书和写作。在逼仄的陋室里，四处塞满了书本。书是厚厚实实的名著，本子是女儿的草稿本。翻看那些厚厚的草稿本，上面布满密密麻麻的字迹。字迹歪歪扭扭，潦潦草草。她说："你不要笑话，我只有初中文化，可就一个爱好：喜欢文学。我家男人不知道我爱好的是啥，经常将我的书本丢到旮旮旯旯。我宝贝似的捡回来，又埋头阅读写作。男人也常常不解，在他电视看得头晕眼花的时候，便找我闲聊，问我读那么多书是为了啥？为了啥呢？我自己也琢磨，就是心里高兴。读书，就像吃了一顿美味佳肴，就像穿了一件漂亮的新衣裳，心里畅快，舒坦。白天的事情忙完了，深更半夜，才有时间做我的事情。洗把冷水脸，将满身的灰尘擦一擦，捧出那些宝贝似的书，就入迷地在昏暗的灯光下阅读。那是我一天最快乐的时光。"

她说："不怕你笑话，读那些书，就像和许多有见识的人聊天。聊着聊着，我就被人家的故事感动了，有时忍不住，哭得泪水涟涟。把我男人哭醒了，他就骂我是蠢猪，知道书里是假的也哭。哭完了，便想起自己经历的故事，想起自己遇到的人和事儿，就冲动地想写。摊开本子，常常已是半夜三更了。"

她写了好几大本，可那些文章常常被退稿，没有登台亮相的机会，她却无怨无悔，坚持不懈。她说："我不图发表，只要写着心里高兴，我就天天写，当作看电视，当作逛大街，当作买新衣服呗。"

她带我去面粉厂后的山坡上。正值春天，树木葳蕤，花草繁茂。她指着那些景致，对我说："当别人看电视、聊天吹牛、打麻将的时候，我常常一个人来这里，欣赏景色。你看，那花儿多漂亮，像小姑娘的脸蛋，那树壮得像小伙子。我经常独自看一只蝴蝶悠然地从这朵花飞到那朵花，看一只松鼠从这棵树跳到那棵树，觉得自然界的生命多么美好。人，更应该好好地活着，充实地活着。

我闺女还小的时候，家里遭遇了巨大变故。和人合伙办的厂子，几乎在一夜之间就没了。家里负债累累。要债的人天天排队上门催逼。只要能有片刻闲工夫，我就领着孩子上那边的池塘。"她指着不远处一方亮汪汪的池塘说，"我教她观察荷花的明艳，欣赏荷叶的碧绿。和她一起玩泥巴，打水仗。然后，各自顶着一张荷叶做的帽子，哼唱着童谣朝家走。那些时刻，心里什么苦和累，伤心和酸楚都没了，觉得生活没有过不去的坎儿。"

而今，她和弟弟的面粉厂办得风生水起，兴旺红火。日子愈加富足，她却从来不肯丢下手头的书本和纸笔。她的作品也终于开始在报纸杂志上亮相了。她却说："稿费不重要，我心里高兴，生活充实，日子更有盼头就够了。"

生命是上天的平等赐予，看你怎么去经营。如果以热爱为基石，以坚守为砖瓦，以执着为椽梁，你就能够营造一座诗意盎然、童话般的生命城堡，遮蔽凡世烟尘，酿造岁月美酒。

品味幸福

　　儿时家境清贫，总是要经过一段长长切切的期盼，我们兄弟姊妹几个才能拥有一份渴盼已久的幸福——一人吃一枚毛鸡蛋（连壳煮熟的囫囵蛋）。或许在今天的孩子看来，那份幸福是多么的微不足道，甚至可笑。可对于儿时的我们来说，那就是一份刻骨铭心的幸福。它像久旱后普降大地的甘霖，让我们贫瘠的童年一下子生长出许多茂盛的快乐。

　　当母亲终于发下命令时，我们几个便一人挑好一枚鸡蛋，细细地洗干净了，小心地放入锅内。然后，怀着激动的心情，倾听沸水快乐的歌唱。不知不觉间，唾液已像肆虐的洪水，在口腔里汹涌澎湃，禁不住就要决堤而出了。

　　手捧着那枚温热的鸡蛋，谁也不肯抢先剥去蛋壳。抢先剥去就意味着抢先吃去，抢先吃去就只能眼馋别人的。这是幼小的我们得出的简单逻辑。因了这份逻辑，我们形成一个约定：一起剥壳，一起吃掉。几双小手都小心翼翼地剥下那薄薄的蛋壳，就像在小心而又满怀惊喜地打开一个装满珍宝的盒子。

　　壳去了，露出了白白嫩嫩的蛋清。蛋清氤氲着清香的热气，袅绕如蝶，逗引得满口生津，涎水四流。哪怕垂涎欲滴，我们都努力忍着，面对那盼望已久的东西，还是没人率先将它送到嘴边。幸福的期待在心里蓬勃生长，

葳蕤挺拔。

常常总是憋了好久，性急的弟弟才轻轻地咬去一小口。于是，其他人也学着他的样子只舍得慢慢咬下一小口。边咬还边斜瞟着别人，生怕自己率先吃多了，而别人剩下多一些。

就这样，大家你一小口，我一小口，你瞧着我，我比着你，慢悠悠笑吟吟地吃着，品味着，像摩玩着一件马上就要消失的稀世珍宝，久久地不肯释手。那份浓浓酽酽的感觉，至今还清晰地弥漫在记忆的心空里。

这种品味幸福的事例还不止一件。

每每年关，母亲总要想方设法给我们每人做一双新布鞋。那布鞋是母亲熬更守夜，千针万线，在煤油灯下缝制的。崭新的花色鞋帮，针线细密结实的鞋底。我至今记得新布鞋散发的淡淡清香，带着布匹的味道，棉花的味道，针线的味道，还有母爱的味道。

母亲说，这是给你们过年穿的新鞋。要是谁忍不住现在就穿了，过年了，就只能穿旧鞋了。我们记住了母亲的话，便小心翼翼地珍藏幸福。将新布鞋深深地藏进衣柜里，梦想着在新年的鞭炮声中，穿上它走亲戚，看龙灯，赚取小伙伴羡慕的眼神。

那时，一年只有一双新鞋。我们多么希望马上扔掉脚上已经千疮百孔的旧鞋子，在冬日的寒风里，早早地感受新布鞋的温暖。可惜，想到现在穿过了，过年便没了拥有新鞋的幸福，便只得满怀期待着。年节就在我们茂盛的渴盼中到来了。穿上新鞋的那一刻，幸福灿若云锦，铺满了童年的天空。我们的心空总是因了那份幸福而湛蓝如洗，彩虹高挂。

在物质相对丰富得多的今天，忆起儿时吃蛋、穿鞋的经历才知道，其实孩提时，我们就已懂得品味和珍惜幸福。随着岁月的变迁，生活中有多少如吃蛋、穿鞋那样的细节，可以让我们感受到幸福，却常常被忽略了。

是尘世的风尘蒙蔽了我们感悟幸福的心灵，还是我们已在过多的幸福后麻木了敏感的神经。原因已不重要，重要的是我们真的该好好拂去心灵的尘埃，以素朴的童真之心，去品味生活中点点滴滴的幸福。

幸福就在视野的拐角处

落霞漫天的黄昏，拖着疲累之躯，走得疲沓嘴歪之时，耳畔忽然飘来清脆歌声，是庞龙的《两只蝴蝶》。转头细寻，唱歌的是个年轻女人。她正坐在自行车后座上，双手环抱着蹬车男人的腰身。男人满身泥水。那斑斑驳驳花花搭搭的衣衫，清晰地写明了他的身份：建筑工地的泥水工匠。女人呢，扎着高高马尾，头发是绚丽的金黄色。黝黑的面颊，依稀沾染着几个白色的涂料点子，像几枚夸张的雀斑。

自行车从我身旁缓缓悠悠地经过。我就那样怔怔地看着，像欣赏一幕流动演出。在这宁静的黄昏，他们仿佛并不急于赶路。女人依偎在男人如大山般厚实宽阔的背脊上，慢悠悠地哼唱，一脸怡然。那般深情款款，像小夫妻婚纱照定格的瞬间。男人呢，偶尔应和着女人，哼唱几句，虽然有些走腔跑调，却沉醉陶然。

目送他们渐行渐远的背影，听着并不协调的夫妻二重唱，心境顿时变得愉悦宁静。

酷热难耐的中午，去一小饭馆就餐。窄窄饭堂人头攒动，暑气弥漫，心烦气躁，意欲离去，忽然，耳畔歌声婉转：今天又是好日子，心想的事儿都能成，今天明天都是好日子——是宋祖英的《好日子》。甜美的歌声如泉水汩汩流过心间。我不由寻觅座位，安坐，怡然就餐。

片刻，歌声就到了邻座，歌手竟是一个胖胖厨娘。她一袭白衣白帽，脸如银盘满月，身段粗硕如水桶。只有那双明亮喜悦的眼睛，让人平生出几多爱恋和欢喜。她边唱歌边端菜，间隙时，便麻利地擦一把额上涌流如溪的汗。汗水泛滥，笑容却绽放如花。那笑容仿佛被汗水浇灌得愈加灿烂芬芳。不由心生愧怍：坐在酷热里就餐便烦躁异常，她却在闷如蒸笼的厨房里陀螺似的忙碌，还小鸟般欢歌。被她的幸福深深感染，顷刻，心境便清凉如洗。

百无聊赖漫步，突然被一幕感动着：一位年轻母亲俯身在小小婴儿车旁，脸上笑意盎然，正专心致志地哄逗着幼小婴孩。夕阳的余晖，将她青春而清秀的脸颊，镀上了一层淡淡的金粉色。她像圣母一般雅洁高贵。那笑容如怒放的鲜花，芳香弥漫。不由近前。婴儿车里，躺卧着手舞足蹈的胖嘟嘟男婴。白皙肥壮的小胳膊，活生生就是两节新鲜的莲藕。手背上圆圆的肉窝，清晰可辨，分明盛满了被母爱浸润的浓浓生机。

也许蹲得太久，母亲吃力地站起来。朝前迈步的一瞬，我惊呆了。她严重腿瘸，或许罹患过小儿麻痹症：一只腿细瘦如竹竿，裤管空空地晃荡着。尽管走得蹒跚，她脸上却笑容灿烂，幸福弥漫。我心里瞬时温润如春阳照临！

人们常常叹惜：幸福难求！其实，行经途中，只要稍稍转头，在视野的拐角处，你就会在不经意间，捕捉到鲜活怡人的幸福；而我们的幸福，也就在转念之间！

幸福的源泉

　　谁都渴望幸福，谁都祈盼幸福像永不干涸的泉水汩汩流泻，滋润贫瘠的生命。那么，幸福的源泉何在？

　　夫妻俩在北京有着锦衣玉食的生活，可他们觉得并不幸福。于是辞掉高薪工作，放弃令人眼馋的职位，带着小女儿远赴云南丽江，在如诗如画的古城一隅开了家客栈。两人悉心经营，诗意享受。他们说，可以朝迎灿烂日出，晚送绚丽落霞，夜赏星光朗月，日沐清风暖阳，看雨后双桥彩虹静悄悄高挂天际，观古城草长莺飞繁花似锦，觉得无比惬意。男人说，生命如此，夫复何求？

　　二十二岁男子年华正好，却痴迷反串角色。家人反对，父亲尤为震怒，认为他不务正业，缺乏追求。他却暗地里节衣缩食，自己省出钱来，请人精心制作了一袭京剧青衣服装。私底下苦练基本功，勤学演出技巧。皇天不负苦心人，寒来暑往，几个春秋的艰难付出，竟然荣获全国京剧票友金奖。看他一袭青衣飘飞，水袖翩翩，身姿曼妙，唱腔婉转，台下观众掌声雷动。看他扮相娇媚，笑靥如花，便知他正和幸福相拥。

　　六个青春勃发的大学生，牺牲假期的休闲和玩乐，组成一个特殊的摄影小组，免费为金婚老人拍摄婚纱照。他们去家里宣传鼓动，在街道热情邀请，细心搀扶照顾，耐心打扮化妆，教他们摆造型，逗他们绽笑颜。在

骄阳似火的暑假，年轻人挥汗如雨，仅仅希望像孝敬自己的爷爷奶奶般，孝敬年迈的孤独老人，让他们安享夕暮快乐，为他们记录晚霞时光。他们说，看到耄耋老人重温青春的浪漫和美好，听他们讲述相扶相携的深情和缠绵，既感动，又幸福。

一群艺校在读学生，自发地组织演出团队，免费为一群特殊的人们带去欢笑。他们将婉转的歌声送达敬老院，驱散老人脸上孤独的阴霾，让他们绽放舒心笑容；他们将优美的舞蹈送到寂寞的乡村，给留守老人和孩子带去久违的热闹，让他们露出满足的笑脸。他们说，虽然旅途劳顿，长途奔忙，虽然风餐露宿，甚至忍饥挨饿，但他们是幸福的。看到老人和孩子惬意舒畅的笑颜，看到冷清孤独的乡村变得热闹欢腾，他们感到由衷快慰。

幸福的源泉是什么？那就是对梦想的坚守，对爱心的付出。追逐梦想，施予善心，幸福便会源远流长。

晒晒"小确幸"

日本著名作家村上春树竟然发明了这样一个美丽迷人的词汇——"小确幸"，意即微小而确实的幸福。看到此，我会意地笑了。村上春树晒了他的"小确幸"，无非是买一大堆崭新的内裤，洗干净，卷成筒状，装进抽屉里；买到了折扣很低而质量上乘的歌碟……

这样的"小确幸"，我也很多呀，忍不住拿出来晒晒。

家里那株快要枯死的橡皮树，在我耐心的浇灌和照料下，竟然起死回生了。枯瘦的树干上，萌出的小小新芽，嫩绿中带点浅红，静悄悄地探出脑袋，像个羞涩的小姑娘。又可以看到鲜亮的绿色，又可以和一株植物共处一室，又可以让疲倦的目光自由地栖息在叶片之上了。重新拥有，能不幸福吗？

阳台上花盆里新种的花，开始冒出浅浅的绿色嫩芽，轻悄悄地拔节，慢腾腾地长大。颜色由嫩绿到浅绿再到深绿，逐渐变得绿意盎然，只等待花开灿烂了。那份等待的欣喜，不是很幸福吗？

小花园里，那棵精心培育的丝瓜，终于开出了淡黄色的小花，渐渐在初夏的阳光里长大，一天天地妩媚起来。黄色的花朵，如喇叭一般张开，像一个灿烂的笑容。那笑容的香味，引来了一大堆嘤嘤嗡嗡的蜜蜂，还有翩翩起舞的彩蝶，忙碌地在花丛里采蜜、授粉。看着勃勃生机，怎不觉得

幸福呢？

家里那只雪白小猫，终于学会在厕所自己的便盆里撒尿了。撒完后，还撅着屁股，忙碌地四爪刨抓，用沙子遮盖，做得天衣无缝的样子，仿佛怕人看到了羞赧似的。走进厕所的那一瞬，竟觉干净清新如昨。为小猫的懂事，能不幸福吗？

深冬夜里，独自归家的路上，忽然看到一个醉汉昏倒在地，浑身酒气冲天，急忙拨通了110的电话。眼看着警车呼啸而来，又眼看着警察将那醉汉细心地扶将起来，抱进了车里。等待他的一定是及时的救助和温暖的呵护。那一刻，为他的回归由衷地幸福！

微小的成功，收到朋友鲜花一束：鲜艳欲滴的色彩，沁人心脾的芬芳。和友情相拥，备感幸福！

深冬的街头，目睹瑟瑟发抖的乞丐，赶紧倾囊相助，看着他激动而温暖的笑容，真的很幸福！

春天的晨光里，坐拥书堆，一卷在手，墨香氤氲，文字熨帖，沉醉其间，幸福如春花绽放。

那条昂贵的橘红色丝巾，终于降价了，将它轻轻围在脖颈的那一刻，幸福不期而至。

……

这就是我的"小确幸"。其实，细细想来，每个人的"小确幸"降临得都如闪电一样快速，诞生得都如星辰一样密集。只要真正热爱生活，就会多些"小确幸"，多些"大幸福"！

在自卑的
废墟上开花

珍惜拥有

走进大学校园的学生前来看望我。说到大学，纷纷怀念高中时光：大学校园独来独往的自由和寂寞，让他们想念高中时光里同学间相携相扶的温暖和感动；大学校园的天马行空我行我素，反倒让他们怀念高中时光里老师的切切叮咛和谆谆教导；大学里的闲散和无聊，让他们分外怀念高中时光的紧张和充实；大学校园里交际的复杂和功利，让他们倍加怀念高中时光的纯洁和真诚……

是呀，大学曾经是学生们中学时代的梦想，是他们嘴边常哼的歌谣，是他们心灵书写的诗行。

可是，失去了，总是让人怀念，就像那些曾让他们痛苦，甚至逃避的高中时光，这是人类的共性，那么，让我们学会珍惜拥有吧。

珍惜每一次失败。虽然失败里有屈辱，有眼泪，有痛苦，可是失败里更多地蕴藏着教训，蕴藏着下一次成功的秘密，蕴藏着东山再起的希望，蕴藏着再度辉煌的喜悦。爱迪生一次次失败的实验，一次次艰辛追寻，才最终发明了点亮世界的灯丝；居里夫人一次次失败的摸索，一次次耐心守候，才从上万吨的矿物里提炼出镭；诺贝尔从失败的烟尘里爬出，一次次总结反思，最终发出了让世界震撼的轰响。所以，珍惜失败，就是珍惜下一次的成功，珍惜下一次的进步，就是珍惜完善，珍惜成长。

珍惜每一份磨难。磨难总是让你跌倒，让你痛苦，让你被人讥讽，让你受人轻视，让你与成功失之交臂，让你和鲜花无缘相拥。可是，磨难里却有生活的智慧，却有胜利的密码。勾践为夫差躬身牵马之时，躺卧马厩屈尊做马夫之际，他在思考，他在谋划，他在奋发图强，他在励精图治，终于有了一雪前耻的机缘，有了收复失地的胜利，有了江山和社稷，有了尊严和权力。高尔基说，苦难是人生的财富。他在苦难里摸爬滚打，才写就了苏联文学的传奇，才铸就了流芳百世的《人生三部曲》。那些苦难都成了他书中珠圆玉润的文字，都成了他篇章里跌宕生姿的情节，都成了他笔下洗涤灵魂的思想。

珍惜每一份孤独。孤独是人生灰色的岁月，它让你远离温暖的友情，让你别离浓厚的亲情，让你接受寂寞的啃噬。可是，多少人在孤独里创造了神话，多少人在孤独里铸就了传奇。当霍金独自思考黑洞理论的时候，他在接受孤独的考验，可他最终成功地跨越孤独，捧回了鲜花和奖状；当史铁生孤独地坚守，他选择了和灵魂对话，才有了地坛的名垂千秋，才有了思想的辉煌烛照；当海伦·凯勒被孤独纠缠时，她没有沮丧，没有绝望，而是在孤独里触摸世界，在孤独里对话人生，才诞生了举世瞩目的优秀篇章，才树立了让世界仰望的精神标杆。

珍惜每一点时光。哪怕那是一段平淡无奇的光阴，那是一段波澜不惊的岁月，那是一段凄风苦雨的日子，我们都要学会珍惜。有珍惜才有坚守，有坚守才有付出，有付出才有收获。时光是岁月的凝聚，哪怕它曾经黯淡无色，可是经过打磨，最终会成为生命的珍珠，熠熠闪烁。就像我们曾经想着无数次逃离的苦难高三，却是它带给我们大学的起点，人生的转折，成熟的起航，事业的开端。

珍惜拥有，就是珍惜每一次失败，珍惜每一份磨难，珍惜每一份孤独，珍惜每一点时光，珍惜每一个生命！

享受寂寞

寂寞，是肉体的休憩，是思想的舞蹈，是灵魂的升华。享受寂寞，享受丰硕。

普通人是难以承受寂寞的。面对寂寞，他们会寝食难安，坐卧不宁，想方设法排解和宣泄。到稠人广众之中，到热闹喧哗之地，哪怕将自己淹没于刺耳低俗的音乐，将自己打发给无聊空虚的闲侃，将自己付诸打牌掷骰了无生趣的应酬。他们只感受到浅薄的快乐，只遣散了暂时的寂寞。

如此，寂寞被粗俗地排遣，留给他们的是什么呢？是年华如水般悄然流逝，是青春如花般寂然飘零，是事业如火般默然熄灭。回首人生路，也许他们一生都在热闹中度过，却未曾享受过寂寞带给人类的任何恩宠和惠顾。

而有些人乐于享受寂寞，寂寞带给他们的是人生沉甸甸的收获。一一盘点，会发现世界之精华，人生之美妙，全在寂寞里灿然开放。

寂寞诞生美丽思想。

设想没有寂寞的磨砺，史铁生会有闪耀着深刻哲思的美丽感悟吗？在寂寞地坛里思考，在寂寞人生里跋涉，他"在满园弥漫的沉静光芒中"，"看到时间，并看见自己的身影"；他明白了"一个人，出生了，这就不再是一个可以辩论的问题，而只是上帝交给他的一个事实；上帝在交给我们

这个事实的时候，已经顺便保证了它的结果，所以死是一件不必急于求成的事，死是一个必然会降临的节日"。在平静的寂寞里，在冷静的思辨中，他渐渐走出轻生的阴影，走到了生命的灿烂阳光下。激情之火得以熊熊燃烧，烛照灵魂，让他成为思想深邃而美丽的著名作家。

在寂寞的考验里，霍金平心静气地和宇宙展开对话，在对话中找到了宇宙的奥妙，然后用一根手指开掘出黑洞的秘密。身体的残缺，自由的禁锢，让他只能在寂寞里沉思默想。正是这些寂寞里的思索，寂寞里的驰骋，让他心骛八极，视通万里，让神秘抽象的宇宙理论闪烁出彩虹般炫目的美丽光芒。

寂寞催孕闪光智慧。

没有寂寞里的思考，牛顿怎能仅仅被苹果砸中就诞生出万有引力定律，撬动物理学的革命？没有寂寞中的探索，瓦特怎会在飘散的蒸汽里便凝聚出智慧的灵光，推动一个时代的进程？没有寂寞的陪伴，司马迁诞生在囚牢里的《史记》、路遥孕育在偏远山村的《平凡的世界》，怎会有照亮千秋的光辉？

寂寞，是一罐窖藏的老酒，天长日久才能飘散醇香；是一枝含苞的蜡梅，经历风刀霜剑才会吐露芬芳；是蚌腹的一颗沙砾，历尽磨砺才能闪烁光芒；是一座幽深的矿藏，需要艰辛开掘才能寻到宝藏。

享受寂寞，拥抱成功，铸就辉煌！

犒劳自己

曾经，迷恋疯狂写作，给自己规定每天上万字。不久，腰酸背痛，肩膀甚至陡生淤积包块，疼痛不堪。曾经酷爱的写作，成了苦差，如受地狱煎熬，只得作罢。可停歇几日，心又痒痒，终究提笔，欲罢不能。

再写作的时候，尝试将时间分成小段，把写作任务分解为小目标，每每完成了一小项，就赶紧犒劳一下自己。而今忆及独出心裁的犒劳方式，满心幸福。

有时一天要完成六七篇千字文，便告诉自己：写完一篇，就享受自我犒劳。

或者品味一枚苹果。伫立窗前，明媚阳光里，手握精致小刀，细细地，削一枚青青苹果。手中一圈圈绿绿果皮，像暴涨的棉花糖，不由满口生津。一小口一小口地咀嚼，如品世间美味佳肴。写作烦累一扫而空，余下好心情，如春风驰荡。

或者享受一杯速溶咖啡。置身窗下，清风拂面，看对面阳台喜气洋洋，是五颜六色的花，竞相争艳；绿色植物生机勃勃，葳蕤繁茂。用小巧铜匙轻轻搅拌。杯中柔波泛起，涟漪淡远。浓浓咖啡，幽香四溢。低头，手里杯盏白底红花，清幽淡雅，恍若置身春天。放下杯盏，写作热情袅绕，伴着咖啡浓浓的香。

给自己一段舞蹈。盥洗间，落地玻璃墙，一个人静静地舞蹈。轻展手臂，上举，扭身，下腰，提臀，甩肩，跳跃。自己编排的健身舞蹈，和着心里的旋律，轻松地旋转，腾跃。惬意的舒展里，疲惫烟消云散。一身细密的汗，一个满足的笑，筋骨舒活，心情愉悦。再写作，双手在键盘上轻盈如飞燕，仿佛别样的舞蹈。

当然，还有很多。

独立窗前，静静欣赏大街上人流如潮：红衣女人，有着漂亮而精致的脸，神态悠然；黑衣男子，深情款款地拥着恋人，目光里幸福流淌；一个老太太，慈祥地注视着小孙子，耐心地等他蹦跶；卖水果的小贩，细细擦洗红苹果，眼神温柔，像爱抚娇儿。

翻阅曾经的相册。回忆如汩汩水流，流过沧桑，流过坎坷，流到幸福如昨的从前，再一次感悟青春风采，再一次聆听岁月欢歌，再一次触摸岁月丰满。

那些属于我的犒劳方式，微不足道，却意味无穷，陪我走过了艰辛的写作历程，陪我收获快乐，收获丰硕。

想起茅盾文学奖获得者路遥。打造完鸿篇巨制《平凡的世界》，便累垮了自己，以致英年早逝，让人扼腕叹息。如果也懂得犒劳自己，张弛有度地挥洒生命，不知还会诞生多少奇迹？

疲累了，心酸了，忙碌了，记得犒劳自己。犒劳自己，就是给自己一份肯定，一份鼓励，一份奖赏，一份动力，一份人生的慰藉，一份生命的享受。有短暂的犒劳，有轻松的心情，生命会更加蓬勃，收成会更加丰硕。

在自卑的废墟上开花

那时在小城读师范，初入校园，雄心勃勃，想以最优秀的学业展示自己。孰知那是一个高手林立的班级，被招进的都是中学的尖子生，我的那点聪明竟相形见绌，不管怎么努力，成绩总是不理想，更别谈出类拔萃了。

当时，作为师范学校，要求我们全面发展，除了正常的语文、数学等文化课外，还有普通话表达、演讲、书法、绘画、舞蹈、体育等功课。那些天资聪颖的同学简直如鱼得水，很好地发挥着自己的特长，不少人被成功地选入学校书法班、舞蹈队、篮球队。可我一无所长。就连我非常热爱的音乐，因为一个钢琴音没听准，就被残忍地剥夺了学音乐的权利，我痛苦地失眠了两个晚上。

那些日子，看着他们不时亮相舞台的英姿，看着他们成功展出的书法、绘画作品，听着他们婉转悠扬的歌声，听着他们抑扬顿挫的演讲，我的心里充满了自卑。那些自卑的情绪日积月累，竟慢慢疯长成一座城堡，我被严严实实地禁锢在里面，暗无天日，看不到生活的阳光和鲜花，如置身地狱。

幸好思想还是自由而鲜活的，我在自卑的城堡里苦苦思索着：我该怎么办？就这样被自卑包围？就这样承认自己一无是处吗？那一晚，我照例拿出一直信笔涂鸦的日记。厚厚的一大本，那里面有我许多美丽的青春梦想。曾经，想当一名优秀的老师，用我的绵薄之力去拯救乡村教育，用我如火的热情去点燃乡村孩子的梦想；想当一位出色的作家，把我生活的小村故事告诉世人，把小村女人酸甜苦辣的人生经历展示给外面的世界。

捧着厚厚的日记本，我突然热泪盈眶：不能就这么沉沦下去，不能一味地被自卑包围，我要冲出禁锢我的自卑城堡，我要打碎这座我自己建造的心灵监狱。

那一天，我在日记中郑重地写道：我要重新拾起当作家的梦想，要为之努力，要向老师和同学们证明，我也有优秀的一面！

从那以后，我不再沉溺于悲观之中，节衣缩食，买回了许多文学写作方面的理论书籍疯狂地学习，并争分夺秒地泡在图书馆里贪婪地吮吸着前辈的文学营养，还积极主动地向老师和发表过作品的师兄师姐们请教。当时，河北石家庄有一所函授学校，我把伙食费节省下来，报名参加了小小说写作的函授学习。

那时学业紧张，我便利用周末的时间写稿。其他同学去逛街、跳舞、购物、玩耍了，宿舍里空荡荡的，我一个人孤零零地蜷缩在被窝里，在昏暗的灯下不停地写作，不断地修改，一遍又一遍。在不懈的努力下，我的第一篇小小说《晕车》终于发表在当时河北师范学校主办的《中师语文报》上。

我深深记得拿到样刊时同学们惊讶和敬佩的目光，那一刻，我激动地哭了。我终于证明了：我也有优秀的一面，我也可以活得很有尊严！

而今，我已出版了五部文学专著，成为省级作协会员，还被评为全国"十佳教师作家"。而今，我依旧痴迷着文学，它已经成为我生活中不可或缺的重要组成部分。也因了文学，我的人生活出了自信，活出了精彩。

我想，只要心怀梦想，坚决击碎自卑城堡，并在废墟上顽强耕耘播种，人生就能收获粲然开放的自信之花！

放生善良

　　散步到桥头的时候，已是夜色迷蒙。路灯朦朦胧胧，像瞌睡人的眼。见一民工模样的中年男子吃力地提着一只红色水桶，正要朝桥下走去。不由探头好奇地看一眼桶里的东西。立即被惊呆了：一只大若面盆的乌龟，正安静地待在桶里。

　　散步的人流瞬间围住了水桶，七嘴八舌地议论开了，都说从未见过如此巨龟。中年男子见大家围拢来，神色紧张地护住桶。片刻，见没人动手，便释然地笑笑，讲起了他的传奇经历。

　　原来，这只巨龟是他在河边散步偶尔捉到的。说起来，他还兴致勃勃。一日黄昏，他独自走在河边，在水草丰茂的地方，忽然看到一块石头在动。他以为底下有鱼，正欲上前搬掉石头，猛地看到那石头伸出了脑袋。他蹲下细看，原来是只巨龟。他连忙抱起来，约有十多斤重。

　　"哎呀，你发财了，肯定能卖个大价钱！"路过的胖男人露出贪婪的神色。眼睛直勾勾地盯着那龟，仿佛要把它摄进眼睛里带走。

　　"你错了，我才不卖呢！"中年男子淡淡地说。

　　"那你自己养着好了，乌龟是越老越值钱！"胖男人还在算计着钱的问题。

　　"我不为钱！要是为钱，我早就卖了。人家给我五千块，我也不卖！"

194

中年男子有些愠怒地回敬。

"五千都不卖？那你为了啥？当宠物养？"胖男人要打破砂锅问到底。

"我尝试着送给动物园，可是打了电话，两家动物园最终都没人来领。"中年男子伤感地说，"我怕自己不懂技术，把这乌龟耽误了，养死了，所以决定放生！"

"啊？放生？你脑子没病吧？作秀！"胖男人愤愤地离去了。那肥硕的背影，倒像一只缓慢爬行的乌龟。

"真是好心肠！"

"这年头，不看重钱的人少啊！"

"是呀，那么大的乌龟，怕是神物，该放生的……"

人群议论着散去。我独自留在一旁，看中年男子小心地提起水桶朝河边走去。我激动地说："大哥，我有个做新闻的朋友，要不打个电话，让他来给你报道一下？"

"千万别！大家都知道了咋办？那样，我就是放生，说不定哪天又被人捉来吃掉了！"他匆匆提着水桶朝河边走去。我忍不住追问："你为啥要放生呢？"

"不为啥。它也是条命。我既然把它养不好，就放它回家呗，让它在河里自由自在的！"中年男子说着便消失在朦胧夜色里。

望着他模糊的背影，我不由想到了一个故事。

那年冬日在乡下，看到一位老农摘柿子，每棵树总要留下一两个。那红彤彤的柿子高挂枝头，看着就让人垂涎欲滴。以为是他够不着，摘不到，正要殷勤帮忙呢，老农说："我是专门留下两个，给鸟雀过冬做口粮的。不然，雪天一来，它们饿死了咋办？"

我说："那鸟雀天天偷吃你的柿子，你还这样待它们？"我知道柿子成熟的时候，也是鸟雀疯狂偷食的时候。

老农哈哈笑着说："它们多大点肚量，能够偷吃多少呢？没啥。人要活，鸟儿也要活嘛！"他背起背篓离去了。身后，鸟雀果然呼啦啦飞回几

只，忙不迭在树上啄吃甜蜜蜜的柿子。吃一阵，便声音婉转地歌唱。我想，定是唱给老农的感恩歌谣。

老家房前屋后总有蛇出没。每年夏季，是它们最活跃的时节。那一年，邻居大姐喂猪的时候，在灯光昏暗的猪圈旁，被一条肥壮的大蛇咬了一口。

她父母赶忙救助，忙着寻医问药，却并没动手打蛇。许是被吓呆了，大蛇好半天没动弹，却盘成一圈静卧其间。大姐的父母仔细地将大蛇弄进撮箕里，小心翼翼地提着它，将它放进了门前的坟地里。他们说："大蛇就是家蛇，回家只是看看，探望亲人，千万不能伤害！"我不解地问："它为啥还要咬大姐一口呢？"大姐父亲说："是你大姐踩着它了，它只是提个醒呢，不是真咬。你看，那伤口并不深。"许多年过去，我依稀记得大姐父母慈爱的神情，宽恕的面容。

当我们一味追逐山珍海味、满足口福贪欲的时候，这些放生的故事，怎不让我们脸红？是呀，放生，放其他生灵一条生路，就是放还我们的善良，放牧我们的心灵，放归人与自然的和谐与安宁。

精彩地活着

秋日河滩，一派萧瑟。鸥鸟低翔，衰草连天。文人悲秋，似乎情有可原。

慵懒地走上河堤。那是一溜儿陡峭的斜坡，清一色水泥凝注，灰白色，毫无生机，让人心里都生出灰白，了无意趣。

突然，微风里，一丛芦苇在翩跹起舞，舞姿婆娑，灵动成韵。芦花胜雪，枝干挺拔，虽然绿色叶片里间杂着枯黄，却满蕴生机与活力。

如果它长在河滩，便不足为奇，那里芦花满地，秋草遍野；如果它生在山坡，也无可厚非，那里芦苇茂盛，生机勃勃。

它却长在令人惊诧的地方。

那是一片光溜溜的河堤，是冷冰冰的水泥铸就的河堤。它便在河堤的两块水泥接缝处，静悄悄地伫立，挺拔似剑，猎猎如旗。

我呆呆地伫立，因为它不同寻常的处境：贫瘠，荒凉，干涸，窄窄的接缝；零星的一点土坷垃，像一堆小小的鸟粪。如此艰难的环境，它竟然茁壮成荫，生机盎然，风姿绰约。

一穗穗芦花，在风里悠然自得地舞蹈，没有悲凉，没有凄苦，有的只是妩媚和妖娆。那些叶片，修长如剑，直指苍穹，偶尔在风里颔首，也是守边将士般的威武，潇洒坚挺和风致悠然。

我们常常抱怨生活给予太少，目睹接缝处生存的芦苇，有多么羞惭？

院子里的围墙上，不知何时冒出了一个奇特的生命。先是在春风里萌

动嫩黄的芽苞？渐渐泛绿。经过春雨的洗礼，夏阳的烘烤，秋风的肆虐，竟葳蕤一片。一簇枝叶绿意盈盈。

有老人说，那是黄葛树。

灰白砖头砌就的院墙，怎么会突然冒出一丛黄葛树来，令人费解。

不禁好奇地探头细看：蓬勃的枝条，油绿的叶片，顶端正抽着嫩叶，浅黄如婴孩的毛发。砖缝里何来土壤？何来营养？愈加惊诧。

老人说："它的根深深藏在地下呢，使劲从砖缝里挤出来的。先前这院子里本来就有一株黄葛树，长得枝繁叶茂，像一把大伞。为了砌院墙，就砍了它。这不，余根硬生生从坚硬的砖头里挤了出来。你看，那几块砖头被它挤垮了。后来补上缺口，它又挤出来，却没人好意思再砍它了。不容易啊，生命多么顽强！"

老人风烛残年，谈起黄葛树，却表情生动，滔滔不绝，情绪激昂。

只要有根，就要活下去，黄葛树这样告诉我们生命的意义。

夏日，花盆里不知何时冒出了茂盛的豆苗。那原本是栽种牡丹花的盆。牡丹花香消玉殒，几颗豆子却趁机冒出脑袋，占据了贫瘠的花盆。

家人说，豆子有什么用？不如扯掉扔了吧。我说，既然生长，每个生命都有它的理由，留下，且看它怎样长大。

跟往常一样，偶然忆起，便懒懒地浇水，没有施肥，没有侍弄。豆子在花盆里长得自在怡然，生机一片。

渐渐地，藤蔓探出了脑袋，小心翼翼地爬上窗檐，如顽皮的孩童，探头探脑看邻居家的风景。

缓缓地，叶片硕大如掌，在风里招摇，如挥动的小手。

秋日，一串串饱满的豆荚，如孕期女人的肚腹，丰收在望。

活着，就该活得流光溢彩，活得精彩纷呈，活得风生水起，哪怕土地贫瘠，哪怕环境险恶，哪怕风刀霜剑。

珍惜上天的赐予，因为生命本身就是奇迹。而人类，特别是那些轻易践踏生命、冲动走向轻生的人类，在如此草木面前，理应羞愧难当！

精彩地活着吧！

给予是快乐的

池水碧波荡漾，彩色的观赏鱼群在怡然自乐地游弋。忽然看到鱼群沸腾起来，拼命朝一个方向前进。近前一看，是两个小孩儿正兴致勃勃地在喂鱼儿食料。

鱼儿争抢着，拥挤着，翕动着圆圆的大嘴，摆动着彩色的尾巴，一个劲儿地朝那两个小孩身旁水域簇拥。先前平静的水面顿时水花翻腾。群鱼挨挨挤挤，密密匝匝，堆叠着，跳跃着，只为争抢到孩子撒到水里的零星饵料。两小袋饵料，不足小手盈握。

孩子的身旁，一位两鬓斑白的老人，看样子，是爷爷。

鱼儿们拼命争抢、憨态可掬的样儿惹得两个孩子哈哈直乐，仿佛正在观看一场盛大的儿童话剧演出，正在欣赏一幕扣人心弦的电影，正沉浸在情节跌宕的动画片里。

身着葵花图案连衣裙的女孩，正目不转睛地看着一群鱼儿的争夺战。亮晶晶的大眼睛甚至舍不得眨巴眨巴。长长的睫毛偶尔扑闪一下，仿佛飞舞的蝶儿。她的脸上始终笑意盈盈。

片刻，她手中的饵料撒完了，又朝爷爷要。老人慈祥地笑着说："你已经撒了三袋了，不买了，好吗？""不嘛，爷爷你看，那几只鱼儿还没吃饱呢。"女孩指指水池边，还顽固地向她张着圆圆嘴巴翘首等待的鱼儿

说。老人无奈地叹口气，又转身买一袋饵料递过。女孩欢呼雀跃，边撒边对鱼儿说："快吃吧，吃饱了好好耍哦！"

旁边的男孩看女孩又买一袋，蹬蹬地扑过来，扯住爷爷的衣角说："我也还要一袋！"老人就再买一袋，递过说："你们的零花钱全部买了饵料，不许再买零食了！"俩孩子异口同声："好，不买了！"

老人转头看着我，笑说："为了喂鱼，连最喜欢的零食都不要了。你看他们两个高兴的样儿，每次来都要喂许久，拽都拽不走，我生怕撑坏了那些鱼儿！"

"不会，鱼儿太多了，总是吃不饱。"女孩扭身回答，脸上依然笑容明媚。"就是，我每顿吃一大碗，它们才吃了一点点，撑不坏的！"男孩也附和。

我笑了，被孩子的笑容和话语深深感染。

放眼池子的另外几个角落里，也有孩子在满脸含笑地喂食。他们脸上，绽放着圣洁而明净的笑容。

再往前行，关着羊群的栅栏外，也满满地簇拥着喂食青草的孩子。羊们眼神安详，都长长地伸着脖子，贪婪地津津有味地咀嚼着孩子喂给的青草。脸上幸福洋溢，一派沉醉。而孩子们呢，笑容比六一儿童节上台领奖时还芳香，还甜美。

不远处，一群洁白的鸽子正咕咕欢叫着，环绕着一个刚刚蹒跚学步的孩子。他走路歪歪扭扭，跌跌撞撞，可他肉嘟嘟的小手不停地抛撒着食物，嘴里咯咯直乐。鸽子们啄食着，欢唱着，围成一个圆圈，如一些洁白的花瓣。那穿得五颜六色的傻傻欢笑的孩子便成了美丽的花蕊。

片刻，母亲说："咱们走了吧，乖乖！"母亲抱起孩子，孩子哭闹着，踢蹬着，拼命挣脱母亲的怀抱。当再次趔趄着走向鸽子，再次抛撒着手里的食物，他又咧嘴笑了。笑容如花朵般灿烂。

童心是慷慨的，真诚的。给予是快乐的。

什么时候，我们学会了索取，失却了给予；什么时候，我们精明于算计，吝啬于付出；什么时候，我们拥有许多，却满脸愁苦。

童心告诉我们：给予着，才是快乐的。

人生何处不歌唱

于一小店吃饭。那小店地处小城偏远的角落，逼仄，狭小，门可罗雀。去时,顾客寥寥。胖胖的老板娘,满脸堆笑,汗水在笑纹里跑动。端饭,落座,懒懒地就餐。在酷热难耐的六月天，真没好胃口。

虽然电扇旋转不休，呼啦啦摇动，空气依旧凝滞，憋闷，让人窒息。旁边的两位老人也是一副食欲不振的样子，耳语几句，扒拉两口，全然没有吃饭的兴致。

突然，歌声悠然，不知从何处飘来，直入耳鼓。是庞龙的《两只蝴蝶》：亲爱的，你慢慢飞，小心前面带刺的玫瑰；亲爱的，你跳个舞，爱的春天没有天黑……

歌声婉转，是女版的庞龙。正在寻觅，歌声忽然飘到了近前，欣然抬眼，是满脸油汗的老板娘，正一边收拾碗筷，一边忘情歌唱。

两位老人咧开没牙的嘴，呵呵乐了，其中一白须老人忍不住鼓掌致敬。老板娘大嘴一咧，也笑开了花，歌声并没停止。她怀里抱一叠碗筷，顺势抹把畅流的热汗，歌声依然柔美动听。

厨房里传来叮叮当当的交响，那是她边唱歌，边在洗刷碗筷。碗碟的碰撞声，刚好谱成悠扬的伴奏。片刻，又传来咚咚的声音，是菜刀和案板的合奏，伴着她的歌声，浑然成韵。

　　心里瞬时清凉起来，忍不住加快了吃饭的节奏。胃口仿佛被老板娘的歌声调配好了。不时抬头，还能看到厨房窗口她肥硕的身影，随着切菜的动作，随着歌曲的韵律，在晃动，在摇摆。

　　旁边的白须老人竟忘记吃饭，微眯着眼，和着节奏，打着节拍，俨然最忠实的粉丝。另一老人见我也忘情地欣赏，凑过来，嚅动没牙的嘴，低声说："老板娘不简单，我们天天来吃饭，天天来听她唱歌，好听！"

　　见我不解，老人压低声音，朝我倾过身子，继续补充说："她前年死了孩子。那孩子偷偷下河洗澡，就没再起来，挺高大的一个小伙子。读高中了，就那么死了。去年，她丈夫另有新欢，离婚了，找了个更年轻的。这不，前些天，听说她母亲又得了癌症。她这小店的收入，几乎全部换作药费了。唉，苦命人啊。可是你看，"老人动情地说，"真是个了不起的女人，都挺过来了。自己忙里忙外经营店子，还唱歌呢！"老人孩子样的眼睛里全是清澈的感动，满满的佩服。我的眼眶也潮潮的。

　　片刻，歌声又换成了《嘻唰唰》，欢乐，明快。歌声里流泻着阳光，蕴藏着希望。

　　临别，回望女人肥硕的身形，感觉是那么美丽，像大牌歌星的风采。

　　还记得那个擦鞋老人。

　　冬日，在朔风凛冽的街口。一方简陋的小棚子，寒风呼啦啦朝里钻。生火的小炉子形同虚设。老人在风里歌唱，边擦鞋边歌唱。旁边，跟他应和的，是个软塌塌歪着脖子，像提线木偶的小男孩——他先天残疾的孙子。小男孩吐字含混，可脸上挂满暖暖的笑。老人摇头晃脑，听不清他唱些什么。

　　人们说，是他老家的山歌，乡音乡韵，自成风格，别有味道。人们还说，老人一直独自带着孙子，教他读书，教他唱歌，给他讲故事。儿子儿媳不管，可孙子却成了老人的宝。

　　坐在那冰窖似的鞋摊上，冷得瑟瑟发抖，内心却温暖如春。那歌声就像春阳，毫不吝啬地洒满你的心间。

　　人生何处不歌唱？哪怕身处困境，哪怕遭遇厄运，哪怕辛劳疲累，都要歌唱。歌唱着，苦难就退却，幸福就凯旋，人生就慨然前行。